日本お菓子クロニクル

日本懐かし大全シリーズ編集部 編

辰巳出版

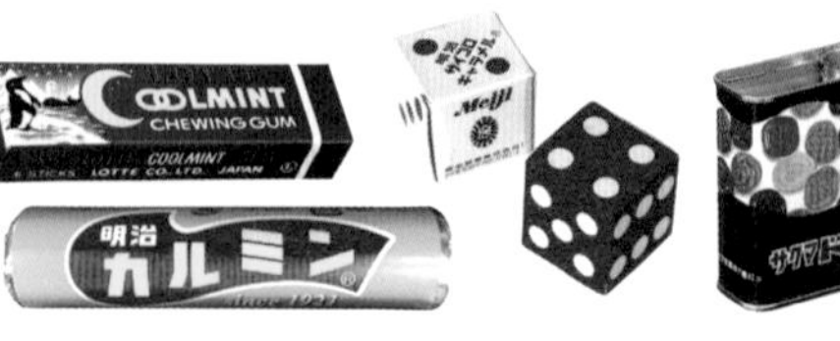

はじめに

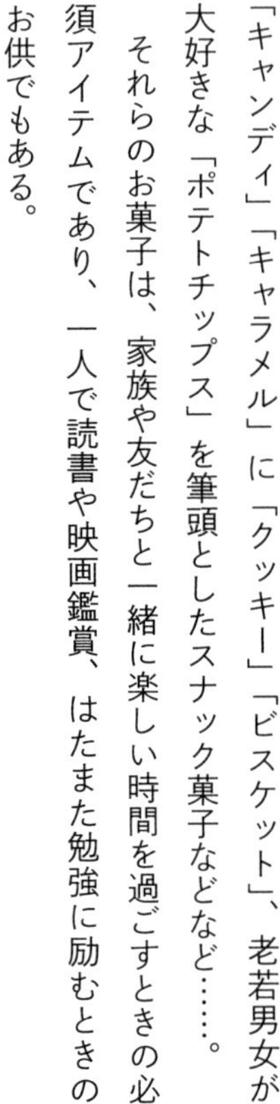
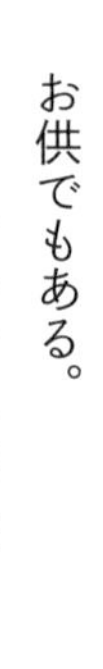

私たち日本人はずっと昔から、さまざまなお菓子を口にしてきた。日本のお菓子の代表ともいえる「せんべい」や「あられ」、甘い「チョコレート」「キャンディ」「キャラメル」に「クッキー」「ビスケット」、老若男女が大好きな「ポテトチップス」を筆頭としたスナック菓子などなど……。

それらのお菓子は、家族や友だちと一緒に楽しい時間を過ごすときの必須アイテムであり、一人で読書や映画鑑賞、はたまた勉強に励むときのお供でもある。

まだ幼かった頃、駄々をこねて泣き叫ぶ自分をなだめようと、親が手に握らせた一粒のキャンディ。なけなしの小遣いを握りしめ、駄菓子屋の店先でどれを買おうかと散々迷った幼少期。遠足で「お菓子は300円以内」などと決められたときは、どれを入れてどれを諦めるか細かく計算した小学校時代。バレンタインデーになると、男子女子を問わず妙にソワソワと落ち着かなくなったことなど――。こうしたお菓子にまつわる思い出は、誰にでもあるのではないだろうか。

本書では、明治から大正、昭和から平成と、日本人に長く愛され続けてきたお菓子たちの足跡を懐かしいパッケージとともに紹介している。

ひとたびページを開けば、そこには各時代を彩ったバラエティ豊かなお

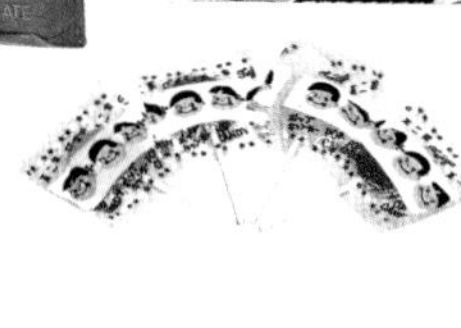

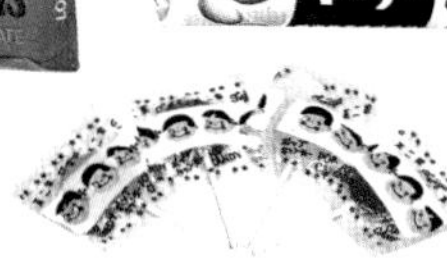

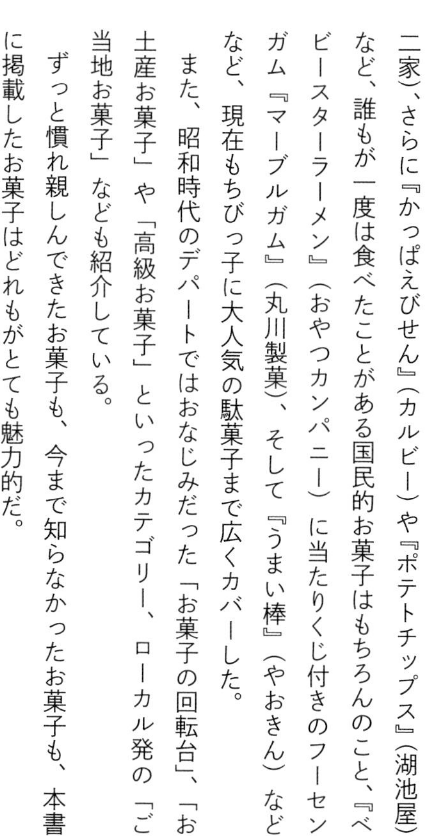

菓子がズラリと顔を揃えている。それらの中には、今でも人気のロングセラーもあれば、残念ながら終売になってしまった商品もある。お菓子にどんな記憶が刻み込まれているのかは人それぞれだが、パッケージを一目見た瞬間、当時の思い出も鮮やかによみがえってくることだろう。

20世紀初頭に生まれた『サクマ式ドロップス』（佐久間製菓）や『ミルクキャラメル』（森永製菓）にはじまり、玩具付きお菓子の元祖『グリコ』（江崎グリコ）、かわいい「ペコちゃん」をフィーチャーした『ミルキー』（不二家）、さらに『かっぱえびせん』（カルビー）や『ポテトチップス』（湖池屋）など、誰もが一度は食べたことがある国民的お菓子はもちろんのこと、『ベビースターラーメン』（おやつカンパニー）に当たりくじ付きのフーセンガム『マーブルガム』（丸川製菓）、そして『うまい棒』（やおきん）などなど、現在もちびっ子に大人気の駄菓子まで広くカバーした。

また、昭和時代のデパートではおなじみだった「お菓子の回転台」、「お土産お菓子」や「高級お菓子」といったカテゴリー、ローカル発の「ご当地お菓子」なども紹介している。

ずっと慣れ親しんできたお菓子も、今まで知らなかったお菓子も、本書に掲載したお菓子はどれもがとても魅力的だ。

さあ、本書を手に、日本の豊かなお菓子文化を振り返る旅に出よう！

もくじ

昭和編

1908〜1988

マーブル

Glico
pretz
Roast
カリポリ
カリポリ
せい
スティック
50円

かっぱえびせん
瀬戸内の味
¥50

森永エンゼルパイ
100円
パイ加工品

ベビー
ラーメン
10エン

ジュー
レモン

Milky

TIROL
MATSUO
CHOCOLATE
チロルチョコレート

BOURBON
ホワイトロリータ
クッキー
WHITE
ROLLITA

クッピーラムネ
¥10
カクダイ製菓株式会社

ポテトチップス
POTATO
CHIPS
KOIKEYA SEIKA CO., LTD.

Baby

カルビー
スナック
プロ野球

グリコ ペロティチョコ
30

グリコ スポロガム
Glico
SPORO
GUM
Glico
男の子むき

明治
しましま
明治 しましま
フルーツクッキー

1908~'69

OKASHI Chronicle
OUTLINE

日本で現代のようなお菓子が生まれたのは、ポルトガル人宣教師がカステーラや金平糖を持ってきた戦国時代の頃だが、本格的に世間に広がり始めたのは明治時代の西洋文化の流入以後である。

１９０８（明治41）年、佐久間惣次郎商店（のちの佐久間製菓）が初の国産ドロップ『サクマ式ドロップス』を発売。１９１３（大正2）年にはアメリカで洋菓子作りを修業した森永製菓の創業者・森永太一郎が『ミルクキャラメル』を発売。どちらも日本の気候風土にあった洋菓子として評判となり、日本お菓子産業の黎明の鐘となった。

その後、明治、不二家などの洋菓子メーカーがチョコレート、ビスケットなどを商品化し、大正から昭和初期にかけてのお菓子文化を形成。銀座など繁華街を行き交うモダンボーイズ&ガールズらをとりこにした。

また、１９２２（大正11）年に発売され、大阪を中心に人気となった子ども向けキャラメル『グリコ』（江崎グリコ）が１９２７（昭和2）年から玩具付きとなり、新たな付加価値をもたらした。とはいえ、当時砂糖など甘い食材は一般庶民にとって貴重な代物。特別なときにしか食べられない、ぜいたくな品だった。

お菓子の大衆化が進んだのは、太平洋戦争終結後の１９５０年代以降だ。戦後の物資不足を解消し、お菓子の大量生産が可能になると同時に、アメリカからの文化流入が相乗効果となって、戦前に発売されていた菓子類が比較的リーズナブルな価格になっていった。その中で登場したのが「ペコちゃん」がトレードマークの不二家『ミルキー』や『スペアミントガム』『グリーンガム』などロッテの各種チューインガムだ。

また、東京、大阪、名古屋などの下町では、子どもの小遣いで買える駄菓子類が独自の文化圏を形成。『ココアシガレット』（オリオン）、『パインアメ』（パイン）、『こざくら餅』（明光製菓）など今も愛されるロングセラー商品がこの頃に産声を上げた。

さらに、１９６０（昭和35）年頃からはテレビの普及により、CMや人気番組とのタイアップなど新たな販促手段も生まれた。『マーブルチョコレート』（明治）、『前田のランチ・クラッカー』（前田製菓）、『チョコボール』『チョコフレーク』（ともに森永製菓）などがその代表例だ。こうして日本のお菓子文化は、一気に子どもから大人まで誰もが楽しめる身近なものへ拡大していったのである。

Lion
Butter Ball
¥200

明治
カルミン
since 1921

MEIJI
MILK CHOCOLATE
MEIJI SEIKA KAISHA

TRADE MARK
森永
ミルクキャラメル
滋養豊富
風味絶佳

最高級
サクマ式
ドロップス
佐久間製菓株式会社

MORINAGA'S
MARIE
BISCUITS
TRADE MARK
MORINAGA CONF. CO. LTD.

マルカワ
オレンヂ
フーセンガム
4こ入

Meiji

コスビ
静岡菓子

グリコ
文化的滋養菓子

カンロ飴
kanro
KANRO CO.,LTD.

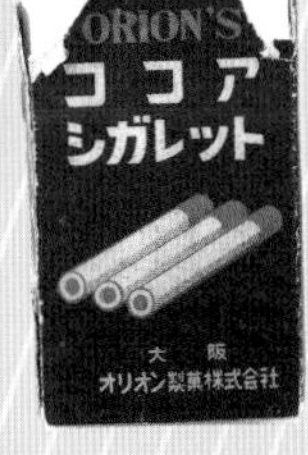
ORION'S
ココア
シガレット
大阪
オリオン製菓株式会社

亀田製菓
うす焼
サラダ

森永
ピーナッツ
ボール
Morinaga
Ball

COOLMINT
CHEWING GUM
6 STICKS LOTTE CO., LTD. JAPAN

LOOK
FUJIYA CHOCOLATE
FUJIYA
不二家ルックチョコレート

明治
カール
チーズ
70

LIONESS
COFFEE
CANDY
¥150
ライオネスコーヒー

不二家ホームキャンディ
SOFT
ノース キャロライナ

Glico
pocky
CHOCOLATE

サンリツ
チョコ
バット

1868年、明治維新。1904年、日露戦争開戦。1912年、明治天皇が崩御、大正時代始まる。ストックホルムオリンピックで日本が初めて五輪出場。1914年、第一次世界大戦。1917年、ロシア革命。

~1913

国産初の高級ドロップ誕生!

昭和30年代前半

戦前

創業時

国産初の本格的ドロップとして発売したのは1908(明治41)年。佐久間製菓の創業者・佐久間惣次郎が、英国からの輸入品だったドロップを自前で作ろうと研究を重ねた末、商品化に成功した。クエン酸を使用した甘ずっぱい味覚、ガラス玉のような半透明感、夏でも溶けにくい便利さなどが受け大ヒットとなった。2023(令和5)年1月、惜しまれつつも114年の歴史に幕を閉じた。

1908
サクマ式ドロップス
[佐久間製菓]

懐かしCM

1977(昭和52)年のテレビCMから。何色が出てくるかはお楽しみ。透き通ったドロップをかざしてみた経験は誰にでもあるのでは?

昭和初期(昭和9~10年頃)の新聞広告。ドロップのほかチョコレートも販売されていた。懸賞キャンペーンも盛んに行われていたようだ。

発売当初は紙の箱で、缶入りになったのは1913(大正2)年から。カラー写真入りになったのは1960年代。スタジオジブリのアニメ映画『火垂るの墓』(1988年)では、主人公の妹・節子が大切にしている甘いお菓子として登場。節子の描かれたドロップ缶をイメージしたコラボ缶は、2011(平成23)年発売。左の缶は、同社最後の75g缶。

1868年、砂糖販売店越前屋が開業。1875年、米津風月堂で本格的ビスケット製造を開始。1876年、木村安兵衛があんパンを発売。1897年、東京・神田にミルクホール開業。1899年、森永太一郎がキャンディ製造を開始。1910年、横浜元町に不二家開店。

緑缶でおなじみのドロップス！

昭和30年代

1913 サクマドロップス

[サクマ製菓]

緑色の缶で知られる『サクマドロップス』は、佐久間製菓が太平洋戦争末期の物資不足や企業整備令の施行で廃業に追い込まれたのち、当時の社長の三男・山田隆重が1949（昭和24）年に創業したサクマ製菓から発売された。写真の巨大な缶は、駄菓子屋などでの量り売り用に発売されていたもの。

昭和50年代

発売以来、濃いグリーンを基調とした缶の配色はほとんど変わらないが、昭和末期頃より「高級」の文字から「フルーツ果汁入り」の表記に変わっている。

昭和60年代～平成

昭和40年代の缶デザイン

昭和40年代の店舗向けカタログより。虹色のチューリップ柄缶など、異なるデザイン展開もしていたようだ。

1918年、シベリア出兵。米騒動。原敬が平民出身初の首相に。1920年、国際連盟発足。1922年、ソビエト連邦成立。1923年9月、関東大震災発生。1925年、普通選挙法と治安維持法が成立。

~1923

『ミルクキャラメル』で手応えを得た森永太一郎がアメリカでのチョコレート人気に目をつけ、国産初のカカオ豆からの一貫製造設備を建設。発売当初は1枚15銭と高価だったがチョコ大衆化の道を開いた。

1918
ミルクチョコレート
[森永製菓]

「携帯用キャラメル」誕生!

清涼感を漂わすミント風味にカルシウムを加えた栄養菓子として発売された。明治が東京菓子株式会社を名乗っていた頃から90年以上続いたロングセラー。2015(平成27)年、惜しまれながら終売。

1921
カルミン
[明治]

1913
ミルクキャラメル
[森永製菓]

森永製菓の創業者・森永太一郎が国産初のキャラメルを発売したのは1899(明治32)年。改良を重ね、1913(大正2)年に『ミルクキャラメル』と命名。翌年の東京大正博覧会で紙サック入りの「携帯用キャラメル」を発売。画像は1914(大正3)年のもの。

1923
黄金糖
[黄金糖]

砂糖と水飴だけで作った、四角柱形で宝石のような美しい輝きが特徴の飴。関西で特に人気が高く、煮物の隠し味にも使われるとか。

1922
シガレットチョコレート
[森永製菓]

『ミルクキャラメル』に「煙草代用」とキャッチコピーを付けたことがきっかけで生まれたとか。紙巻きタバコというより葉巻のような高級感がある。

1923
マリー
[森永製菓]

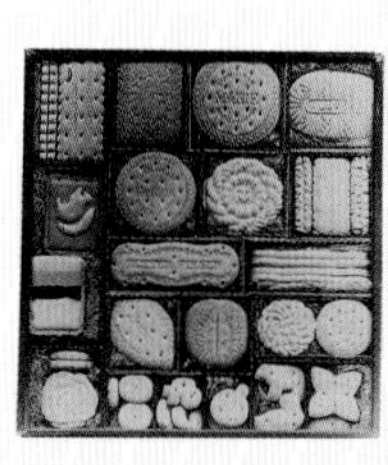

大正初期から海外向けビスケットを製造していた森永製菓が、国内向け第1号として発売した。今に続く『マリー』もその一つ。左は1925(大正14)年の見本缶、右は1926年のもの。

1923
元祖柿の種
[浪花屋製菓]

新潟・長岡で米菓業を営んでいた創業者が、うっかり踏み潰したあられの金型をそのまま使った形状が柿の種に似ていたことからあの形が生まれたという。写真は現行品で、包装し紐がけした状態で販売。

OKASHI topics
お菓子
トピックス

1916年、東京菓子(のちの明治)設立。チューインガム販売会社「リグレー」が創業。1918年、森永製菓が国内で初めてチョコレートの製造を開始。1922年、江崎グリコ創業。1923年、関東大震災で洋菓子技術者が地方に分散し技術が全国に波及。

~1969

1970~79

1980~88

1989~99

2000~18

健康への願いを込めた栄養菓子!

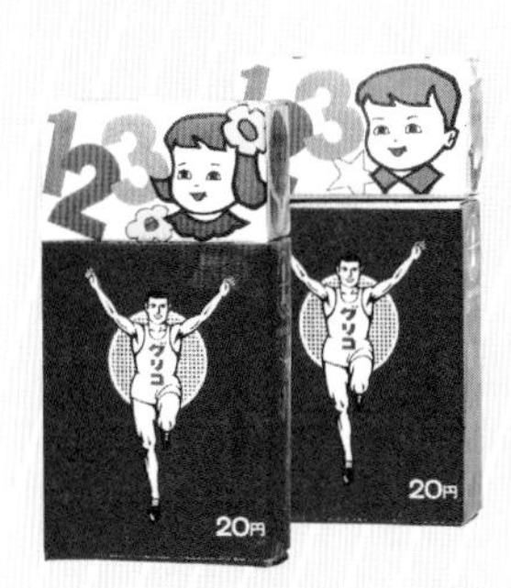

1967

1953

1929

1922

グリコ

[江崎グリコ]

創業者・江崎利一が、チフスを患った息子を救った栄養素グリコーゲンを世に広めようと思い立ったのがキャラメル菓子『グリコ』誕生のきっかけだった。初期パッケージには、「文化的滋養菓子」と謳われた。おなじみの「1粒300メートル」のコピーとともにおもちゃ付きとなったのは昭和初期から。パッケージに描かれた「ゴールインマーク」のランナーには、特定のモデルはいない。

おもちゃは紙製、木製、金属製など材質は時代ごとに変化。1960年代以降はプラスチックが主流で、1967(昭和42)年からは男の子向き、女の子向きに分けられた。

1998

1982

2017

おもちゃの箱も徐々に大きくなり、絵柄も華やかなものに。おもちゃもSF、メルヘン調からアプリ連動のハイテク系へと変化している。

時代が変わっても『グリコ』にはおもちゃ!

「栄養菓子」を強調した1928(昭和3)年の広告(右)と、『小学一年生』の1985(昭和60)年の広告(左)。おもちゃの内容だけでなく、広告デザインも時代を反映しながら変化している。

1926年、NHKがラジオ放送を開始。昭和天皇即位。1927年、金融恐慌をきっかけに日本経済は不況下に。1931年、満州事変。1932年、五・一五事件。この頃、東京六大学野球が娯楽の中心に。

~1933

1926
ミルクチョコレート
[明治]

1927
サイコロキャラメル
[明治]

「遊べるお菓子を」との発案から誕生。一辺25㎜の立方体にサイコロの目を書き込み、大粒のキャラメルを2つ梱包。2016(平成28)年に全国販売を終えたが、北海道限定で今も健在だ。

1966

1958

チョコレートが超ぜいたく品からどうにか手に届きそうな存在になってきた頃に発売された『ミルクチョコレート』。マルーン地に金色で施された「Meiji」のロゴ文字や商品名などのデザインは、当初から格調高かった。

1928
コーヒーキャラメル
[森永製菓]

『ミルクキャラメル』の姉妹品とされているが、発売当初のパッケージデザインはだいぶ異なり洋菓子感が強調されている。1991(平成3)年終売。

現行品

1925
ボンタンアメ
[セイカ食品]

水飴製造の鹿児島菓子(現セイカ食品)が求肥に地元産のボンタンを加え、キャラメル状の粒にして発売したのが最初。オブラートに包んだスタイルも当時からの伝統だ。

1931
都こんぶ
[中野物産]

創業者が昆布問屋の丁稚だった頃、「昆布を味付けしたらお菓子になるのでは」と思いついたアイデアを独立後に実現したのが『都こんぶ』のはじまり。

1930
スポーツマンチョコレート・カレッヂチョコレート
[森永製菓]

東京六大学野球の人気にあやかり発売。大学ごとの名前が描かれた『カレッヂチョコレート』のパッケージ裏には校歌の歌詞も。有名運動選手の似顔絵当てなど販促キャンペーンも盛んだった。

OKASHI topics
お菓子
トピックス

1925年、全国菓子業組合連合会が創立。1926年、全国の菓子生産高は7426万円、うち東京が2087万円。東京でシュークリームの中毒が相次ぐ。1928年、警視庁が菓子の着色料、防腐剤使用の指導を強化。1930年、大蔵省が砂糖輸入税軽減を陳情。

~1969
1970~79
1980~88
1989~99
2000~18

自然と笑顔がこぼれるおいしさ

1951

1933

1956

ビスコ
[江崎グリコ]

1982

『グリコ』と同じく「子どもへの栄養補給を」という創業理念から生まれた、ひと口サイズの酵母入りクリームサンドビスケット。「酵母ビスケット」を略して"コービス"、さらに逆さにして『ビスコ』と命名したとか。戦時中は物資不足などから生産中止となったが、戦後すぐに復活。その後改良を重ね、2005(平成17)年版では口どけ感をアップ、クリームも増量している。

2005

歴代のビスコ坊や どの子の右手にも『ビスコ』

発売当初からパッケージに描かれてきた「ビスコ坊や」。初代は依頼した画家が描いた複数のデザインから決定したという。表情や髪型は時代ごとに変化している一方、右手にビスコを持っているスタイルは一貫している。

初代

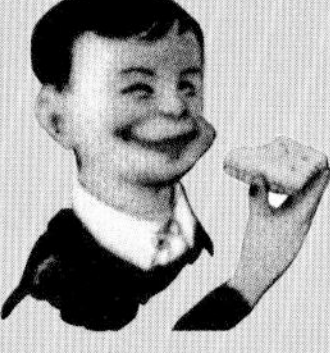

2代目

3代目

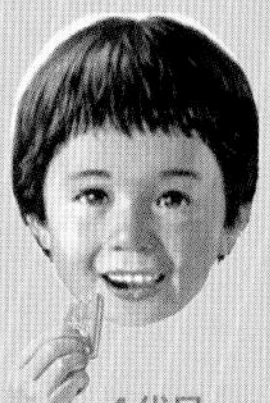

4代目

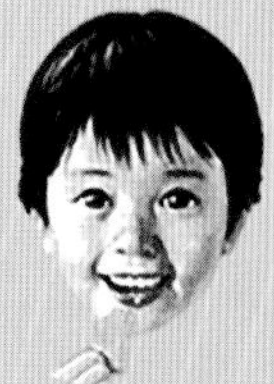

5代目

~1951

1934年、プロ野球がはじまる。1936年、二・二六事件発生。1937年、日中戦争勃発。1940年に開催予定だった東京オリンピックが幻に。1941年、太平洋戦争開戦。

1931

パラマウントチョコレート

[森永製菓]

国内外の映画スターのブロマイドカードが同梱されたコレクタブル菓子の草分け的存在。有名映画館と提携し集客にも一役買った。

1931

チウインガム

[森永製菓]

先行した新高製菓のガムが大ヒットしたことに目をつけ、森永製菓が発売した『チウインガム』。『ハイチュウ』のご先祖様的存在。

1930

マンナ

[森永製菓]

昭和恐慌下、せめて子どもたちに栄養価の高いものをと発売された乳児用ビスケット。商品名はクリスチャンだった創業者が旧約聖書からとった。写真は1937(昭和12)年のもの。

1934

フランスキャラメル

[不二家]

トリコロールのフランス国旗をバックにブロンドヘアの少女の顔が描かれたハイカラなパッケージが目をひく。チョコ、バニラ、コーヒーの3種類を同梱。写真は1959(昭和34)年のもの。

1932

ソフトチョコレート

(チューブ入り)
[森永製菓]

最初に発売されたのは昭和初期だが、終売と復活を繰り返す妙に生命力が強いチューブ入りチョコレート。1970年代にも2年ほど存在した。

1937

チョイス

[森永製菓]

進物用ビスケットとして発売。戦時下の金属類節約で紙パッケージを使うように。写真は1938(昭和13)年のもの。

1935

ハート チョコレート

[不二家]

かわいいハート型をした不二家の『ハートチョコレート』。写真は1959(昭和34)年のもの。

1935

ライオンバターボール

[ライオン菓子]

篠崎商店(現ライオン菓子)から発売した、フレッシュバターをぜいたくに使った国産初のバターボールキャンディ。

戦時下のお菓子

「ゼイタクは敵だ!」の号令の下、甘いお菓子は重要な栄養源とみなされ、軍向け優先ながらも生産され続けた。缶入り『ミルクキャラメル』(森永製菓)には高峰秀子、原節子ら人気女優のブロマイドを封入、前線の兵士に喜ばれた。

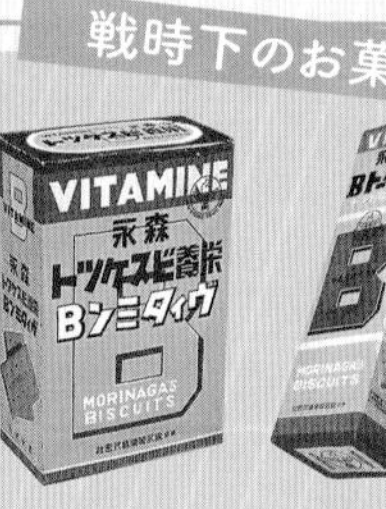

OKASHI topics
お菓子トピックス

1938年、原料のゴム統制によりチューインガムの製造禁止。1940年、菓子の公定価格制が実施される。1941年、ドロップス、キャラメル、ビスケットが子ども用菓子として切符制に。1943年、菓子製造に企業整備令が発令されほとんどが製造中止状態に。

原料は砂糖とココアとハッカだけ。口にくわえスースー吸うと、メンソールタバコの気分が味わえる。背伸びしたい子ども向けお菓子だが、禁煙アイテムとしても重宝されているとか。

1951 ココア シガレット

[オリオン]

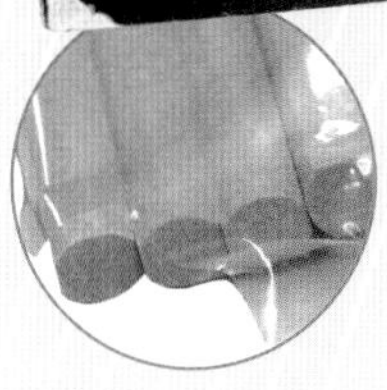
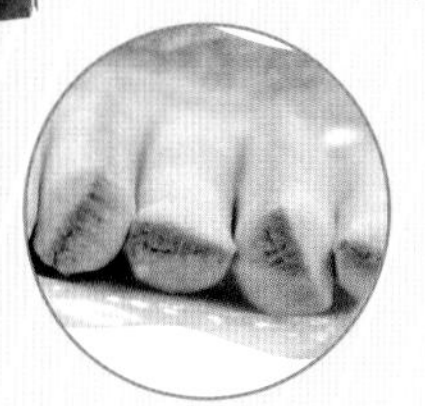

発売当初はハッカでココアを覆い、細く切断する製法(右)だったが、現在では双方を混ぜて練り込み細い筒状に成形している(左)。

1949 カルビーキャラメル

[カルビー]

『かっぱえびせん』などスナック菓子で知られるカルビーだが、創立当初の主力商品は飴やキャラメルだった。

1946 カバヤキャラメル

[カバヤ食品]

人々が甘いものに飢えていた終戦直後に創業したカバヤ食品の象徴的お菓子。カバのマークは平和の象徴として描かれた。

1950 ゼリービンズ

[春日井製菓]

小指のようなゼリーをカラフルな砂糖菓子でコーティングした、アメリカでは子どもから大統領にまで愛され続けているポピュラーな甘菓子。グミとは違う素朴な歯ざわりに惹かれる。

1950 ウイスキー ボンボン

[八雲製菓]

硬い飴の殻にウイスキーシロップを内包した、ちょっとオトナな砂糖菓子。噛んだときのシャリッとした食感と甘めのウイスキーっぽい風味が絶妙。

1950 ちゃいなマーブル

[春日井製菓]

陶磁器(チャイナ)のように硬く、大理石(マーブル)のような艶を持つことから命名。1里歩く間も溶け切らないことから"一里玉"の異名も。

1945年、終戦。進駐軍が日本上陸、占領下に突入。終戦直後、物不足から凄まじいインフレに見舞われる。1947年、日本国憲法施行。1950年、朝鮮戦争勃発で日本国内は特需景気に湧く。

~1953

1968

1959

1951

ミルキー

[不二家]

1987

1979

不二家の創業者・藤井林右衛門が戦火に見舞われ、わずかに焼け残ったボイラーで工場を再建。水飴と練乳の製造から開発したのが『ミルキー』だった。母親の愛情を表すようなやわらかい味と懐かしさに着眼し、練乳を50%近く使い、まろやかな味に仕立てた。"永遠の6歳"ペコちゃんの愛らしさは今も変わらない。

クールなイラストの箱入りガム！

1952

ソフト菓子

[井桁千製菓]

小さなソフトクリームを模した"トンガリ菓子"の愛称で親しまれた井桁千製菓の『ソフト菓子』。クリームの代わりにゼラチンを使い、ふわっとした食感が楽しかった。2018(平成30)年終売。

1952

バターボール

[UHA味覚糖]

フレッシュバターと生クリームがふんだんに使われており、口の中に広がる高級感がぜいたくさを醸し出す。ほのかなレモン風味も加えられている。

カーボーイガム

1952

[ロッテ]

1950(昭和25)年に新宿でチューインガムの製造を開始したロッテが、当時一般的だった台紙付きではなく、箱入りで発売し大ヒット。

終戦直後、極度の食糧不足に見舞われ、製菓企業の多くは1946年頃まで操業停止状態に。進駐軍が上陸し、チューインガムが流行。代用原料を使ったガムも出回る。1947年、ロッテが創業。1949年、水飴、ブドウ糖の統制撤廃。東京都宝くじにチョコレートが登場。

憧れのパインが一粒の飴に！

1987

1985

1988

「もっと飴を売りたい」と思案していた創業者が試しに飴を潰してみたのがはじまり。まだ高級品だった缶詰のパイナップルのようなおいしさをとの思いが重なり商品化。当初は穴がなかったが、「穴がなければ」とより本物を目指し、割り箸でつついて穴を開けていたこともあったという。

1966

発売当時はビン入りで駄菓子屋などに置かれ、1粒1円で売られていた。袋入りへ切り替わったのは1966（昭和41）年頃。

1951

パインアメ
［パイン］

1953

タマゴボーロ
［岩本製菓］

1952

タマゴボーロ
［竹田本社］

（右）100％国産原料へのこだわりと素材の味を活かした、やさしい甘さが口に広がる竹田本社の『タマゴボーロ』。（左）カリッとした食感とフワッとした口どけで、卵とミルクの風味が広がる岩本製菓の『タマゴボーロ』。

1953

フィンガーチョコレート
［森永製菓］

発売は1917（大正6）年。当初はフィンガー状の菓子をラベルで束ねて売っていたが、1931（昭和6）年にポケットサイズの赤い箱入りに。戦時中姿を消したが、戦後、写真のパッケージで復活。

1953

トランプ
［三立製菓］

パン生地をオーブンでカリッと焼き上げ、オリジナルのタレとあおさをまぶした和風ビスケット。サクサクとした軽い食感で、食べだしたら止まらない！

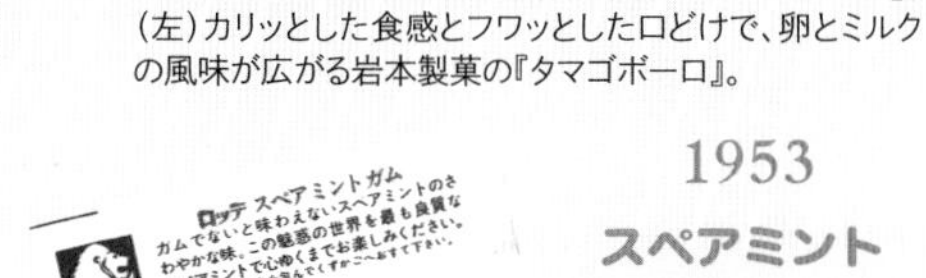

1953

スペアミントガム
［ロッテ］

北米産の2種類のスペアミントをブレンド。独特の甘く深みのある香りが特徴の、ロッテチューインガム製品のパイオニア。1997（平成9）年に終売したが、2023（令和5）年に一度復刻した。

~1955

1951年、サンフランシスコ講和条約と日米安保条約に調印し日本が国際社会に復帰。1953年、NHKと日本テレビがテレビ本放送を開始。1954年、映画『ゴジラ』公開。

色も包装もポップでキュート！

発売当初、プラスチック製のスティックを刺す工程や型押し、包装も手作業だった。機械化を進める中、子どもへの安全の配慮から紙製スティックに変更された。写真は1960（昭和35）年頃のもの。

1954
ポップキャンディ
［不二家］

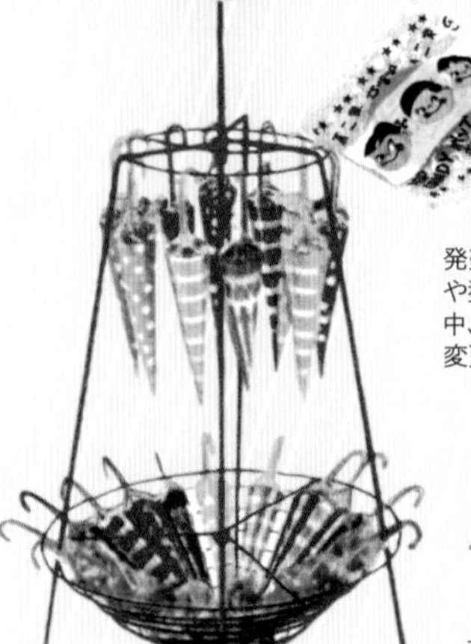

1954
パラソルチョコレート
［不二家］

オシャレな包装でスティック付きのかわいいパラソル型チョコレート。持ち手（傘の柄）があるので、小さい子でも手を汚さずに食べられる。写真は1959（昭和34）年のもの。

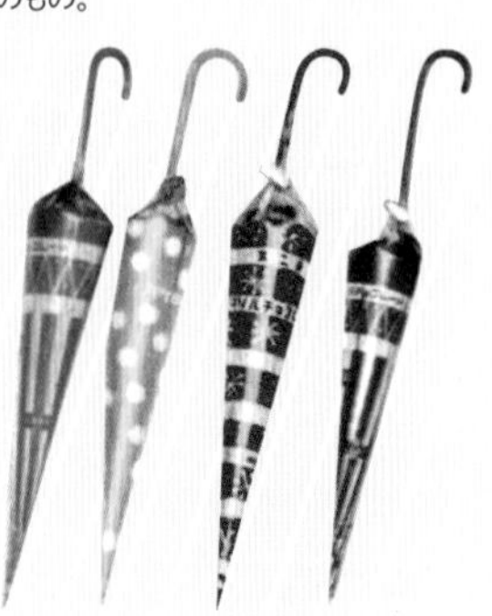

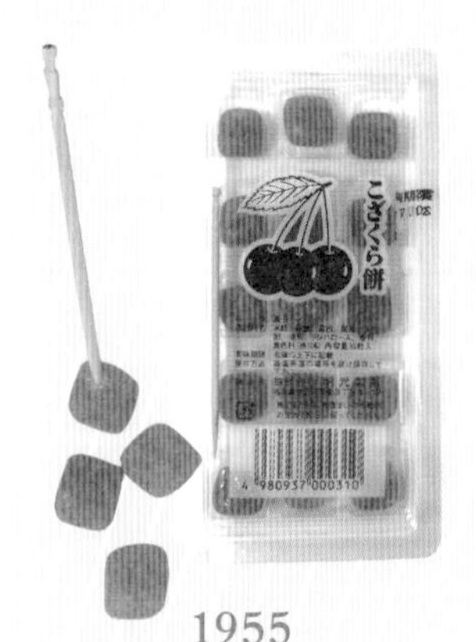

1955
こざくら餅
［明光製菓］

付属の爪楊枝を刺して食べるピンクの半透明な甘ずっぱい餅飴。1cm角の小さなお菓子なので、不器用な子はなかなか爪楊枝を刺せなかったり……。かつては駄菓子屋の定番だったが、今ではコンビニでも買える。

1955
ピース
［森永製菓］

明治『カルミン』と同じく、大正期に森永製菓が清涼菓子と銘打ち発売した爽快系タブレット。ハッカとニッキの2種で展開。1990（平成2）年終売。

1955
アーモンドグリコ
［江崎グリコ］

「1粒で2度おいしい」のキャッチコピーでおなじみの、アーモンド粒が練り込まれたミルクキャラメル。ワッペンや人気マンガのカードなどがもらえるキャンペーンも行っていた。

OKASHI topics お菓子トピックス

1950年、東京・上野松坂屋で戦後初の菓子展が開催。菓子類価格統制解除。1952年、砂糖の統制配給全廃。1953年、東京高等製菓学校が開校。この頃、菓子技術研究団体が各地で設立され、品評会の開催が活発に。

昔ながらのシンプルなおいしさ！

1955 前田のランチ・クラッカー
[前田製菓]

発売当初は粉末のドリンクやコンソメスープなどが付属し、食事用の意味合いが強かったようだ。

ひと口サイズの定番クラッカー。『てなもんや三度笠』での藤田まことの「あたり前田のクラッカー」は世代を超えてあまりにも有名だが、同フレーズは公式HPのドメインにも使われている。戦時中は乾パン製造を行っていた経験もあってか、発売当初から「備蓄出来る」と明記。近年は非常食用の保存缶もラインナップされている。

1955 カンロ飴
[カンロ]

飽きのこない懐かしい味わい

1965頃

1962頃

1955

お菓子屋の店先などで見られた『カンロ飴』の販売ディスプレイ。透明の容器に詰め込まれた黄金色の飴はまぶしかった。

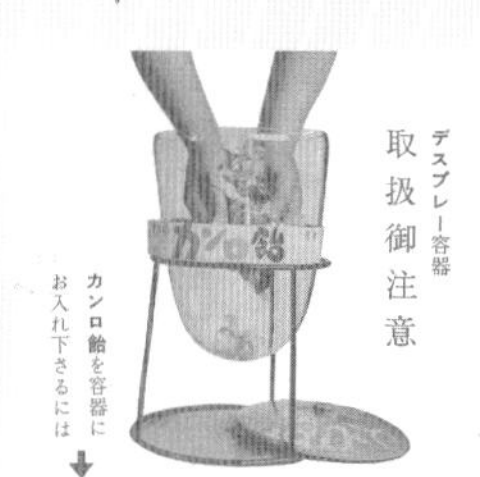

デスプレー容器
取扱御注意

カンロ飴を容器にお入れ下さるには

最初はどうぞ両手にカンロ飴を一杯に入れて、底に静かに置いて下さい。
カンロ飴がガラス瓶の中程、帯の辺まで入りますと、あとはザラザラお入れ下さい。
是非容器が空にならないうちに補充して下さい。カンロ飴もこの容器も一層美しく引立ちます。

光市 宮本製菓株式会社 松本市

やさしい味わいで、幅広い世代に愛され続けるロングセラー商品。シンプルな素材だけで、しょうゆを隠し味に使用した素朴ながら絶妙な甘じょっぱさが楽しめる飴だ。両端を引くだけで簡単に食べられる、両端を結んだひねり包装に今なおこだわり続ける。砂糖やみりんの代わりに料理で使うと、まろやかに仕上がるという裏技も。

1955年、経済白書に「もはや戦後ではない」。日本初のトランジスタラジオ発売。1956年、日本が国連加盟。1957年、日本コカ・コーラ設立。サイクリングブーム。

~1958

1984

1955

エースコイン

[日清シスコ]

古銭や小判など昔のおカネをかたどったひと口サイズのビスケット。1袋に入っているコインは富本銭、和同開珎、寛永通宝、天保五両判など20種類にも及ぶ。全部わかれば立派な古銭博士?

どの飴が引けるかドキドキ!

耕生のフルーツ引

[耕生製菓]

1955

タコ糸の先に飴が付いており、束になった糸の中から1本引っ張って選ぶ方式。大玉が引ければラッキーだが、なぜかなかなか当たらず、店の人がズルしているのではと疑ったことも?

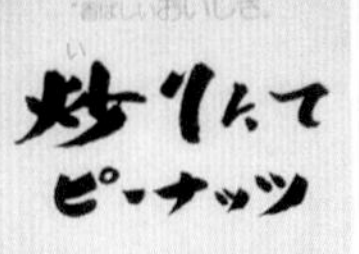

1963

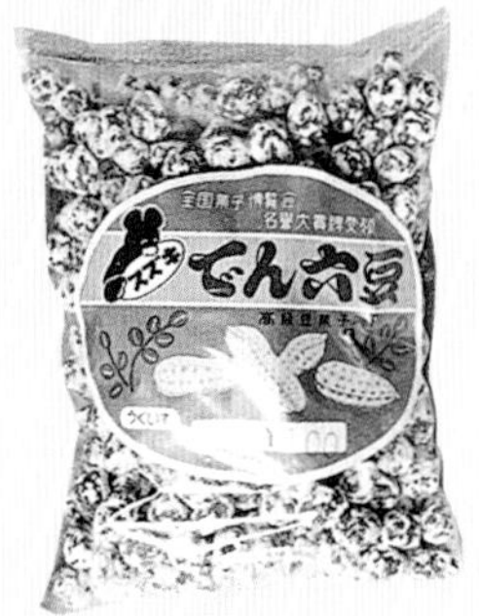

1956

でん六豆

[でん六]

おなじみのこぐまのキャラクター「でんちゃん」が登場したのは1964(昭和39)年。ゆるキャラの草分け的存在だ。(右)節分の時期に量り売りをしている1973(昭和48)年当時の様子。今は毎年、その年への思いを込めたキャラクター鬼を発表し、節分行事を盛り上げている。

「でんろくさん」と呼ばれ慕われた創業者・鈴木傳六の名前から命名。炒りたてピーナッツを砂糖でコーティングしたユニークさが受け、発売するや爆発的ヒットに。天地総子が歌う「でんでんでん六豆～♪」のCMソング、赤塚不二夫による節分用の鬼の面キャンペーンなど、積極的なブランド戦略で不動の人気を獲得している。

OKASHI topics
お菓子
トピックス

1955年、京都洋菓子組合が2月13～15日をバレンタイン祭にと全国に呼びかけ。森永ヒ素ミルク中毒事件が発生。1956年、ブドウ糖使用の運動が起こる。1957年、昭和産業、森永製菓が家で作れる「ホットケーキの素」を相次いで発売し、ホットケーキブームが到来。

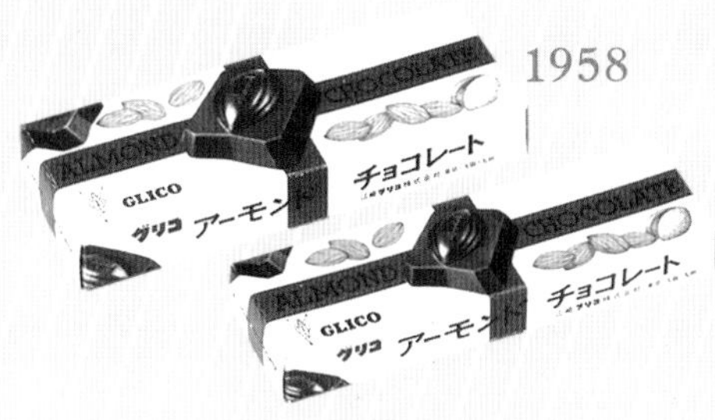

1958

アーモンドチョコレート

［江崎グリコ］

板チョコが主流だった当時、ひと山にアーモンド1粒というぜいたくな仕様で発売。モンドセレクションをナッツ部門で受賞した。山口百恵、松田聖子、小泉今日子など旬のアイドルを使ったCMも話題に。

1957

トッフィーキャラメル

［森永製菓］

英バッキンガム宮殿の近衛兵の姿がデザインされた印象的なパッケージ。この等身大ブリキ看板を店頭に置いたり、巨大なロボット象「トッフィー君」を使い全国行脚するなど、一大キャンペーンが行われた。

和を取り入れた、弾けるうまさ

1957

マイクポップコーン

［ジャパンフリトレー］

プレーン
ソルト味

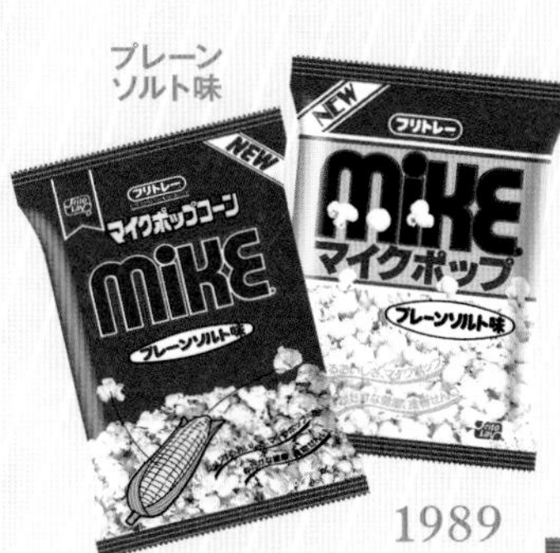

1989

1990

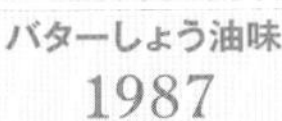

バターしょう油味

1987

終戦直後、ポップコーンは米軍基地内での販売を主としたが、1957（昭和32）年、日本初のポップコーンメーカー・マイクポップコーン社（現ジャパンフリトレー）が設立。当初は遊園地や開業間もなかった東京タワーなどでの店頭販売が中心だったようだ。青と白のストライプが大きく描かれるのは平成以降。

1995

1991

1990

こんぺいとう

［春日井製菓］

1957

戦国時代にキリスト教宣教師とともに日本上陸を果たした洋菓子の元祖。グラニュー糖を溶かして小さな粒になるまで約1カ月かかるそうだが、トゲトゲができる科学的原理はいまだ謎だとか。

~1959

1958年、長嶋茂雄プロデビュー。岩戸景気。1万円札(聖徳太子)発行。東京タワー完成。日清食品が初のインスタントラーメン『チキンラーメン』を発売。フラフープが大流行。

1959

1970

ついに、板ガムの時代が到来！

グリーンガム

[ロッテ]

1957

1952(昭和27)年に発売した『クロロフィル入りフーセンガム』を改良。ペパーミントを加え、エチケット用ガムと名乗って最初に発売したのが『グリーンガム』。デートを楽しむ若者の間で人気となり、板ガムをガムの主流に引き上げた。現行商品にも引き継がれているアメリカンなロゴデザインも秀逸だ。

1988

1959

キャンロップ

[佐久間製菓]

1958

国産ドロップのパイオニアが発売した、日本初の天然果汁を配合したハードキャンディ。赤、青、緑の3色があり、まろやかなヨーグルト味がアクセントになっていた。いずみたく作曲の「キャン、キャン、キャンロップ」のCMソングも懐かしい。

1957

ポールチョコレート

[森永製菓]

新たなチョコ製品開発のために、イタリアから導入した新鋭機を使用。チョコレートの殻の中にクリームなど液体をとじ込める製法を開発して商品化。それまでにない食感が受けたようだ。

1957年、森永ヒ素ミルク中毒事件を受け食品衛生法が改正、食品添加物の定義明確化。1958年、まんじゅう、モナカの自動包装機が完成し、和菓子も自動包装の時代に。『ロッテ歌のアルバム』放送開始。

子どもたちの“スター”に！

『ベビーラーメン』発売当時の広告（上）と1970年代頃のパッケージが大きく描かれた業務用トラック。

1973

1959
ベビースターラーメン
［おやつカンパニー］

おやつカンパニーの創業者が、天日干しの即席麺を製造する際に出てしまう麺のかけらを集め、おやつとして従業員に配ったのが評判となり、「いっそ商品化したら?」となったとか。しかし、実際の麺のかけらそのままとはいかず、麺の太さ、長さ、味付けなど試行錯誤の末、誕生したのが『ベビースターラーメン』の前身『ベビーラーメン』だった。その後、消費者からの要望を次々と取り入れ、様々な形状の姉妹品が誕生した。

『ベビースター』といえば？ と頭に浮かぶキャラは世代によって分かれそう。現在は3代目「ホシオくん」の時代に。

カップラーメンもおいしいヨ！

1993

1978

カップ麺が生まれた1970年代以降、小型サイズの『ベビースターカップラーメン』やとんこつ味の『ブタメン』なども登場した。子ども向けだが、ちょっと小腹が減ったときや晩酌のつまみにもうってつけなのだ。

1959年、皇太子(現上皇)と美智子妃ご成婚。伊勢湾台風が猛威をふるう。日産『ブルーバード』発売。第1回日本レコード大賞に水原弘『黒い花びら』。カミナリ族が流行語に。

~1960

1959 ジューシィミントガム

[ロッテ]

バナナ、グレープ、パイン、リンゴなどのジューシーなフルーツの香りにミントの刺激。ちょっとオシャレな大人のガムとして登場。

ペンギンマークは今も健在!

1960 クールミントガム

[ロッテ]

1956(昭和31)年、ロッテは南極観測隊の栄養源にとビタミン、ミネラルを配合した特製ガムを贈呈した。この縁をきっかけに、南極の爽やかさをイメージした商品として誕生したのが『クールミントガム』だった。辛口ミントの強い刺激は、大人の味として受け入れられ、ロッテのガムの顔ともいえる存在になっている。

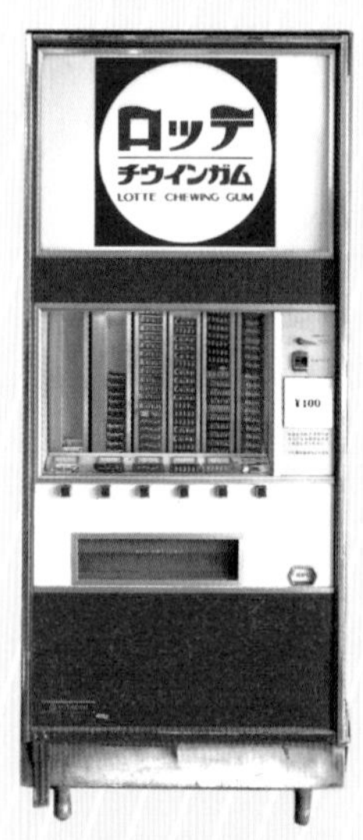

1960~90年代に街角で見かけたロッテガムの自動販売機。「チウインガム」の響きが時代を物語る。

2004

2014

1970

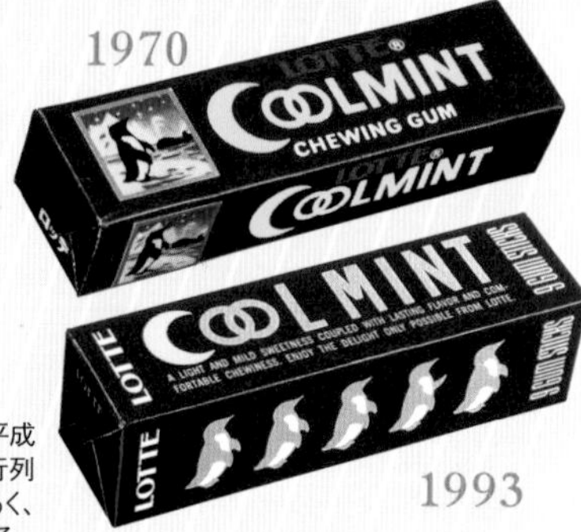

1993

初期に描かれていたクジラは1993(平成5)年版で姿を消す一方、ペンギンが行列で描かれたことも。色合いは徐々に明るく、ロゴの「COOL」が大きめに変化している。

1962 コーヒーガム

[ロッテ]

コーヒーが飲めない子どもでも大人の味が体験できるガムとして大ヒット。ほのかなミルク味が絶妙に絡む甘み仕立て。1990(平成2)年頃に終売するもたびたび復刻。根強い人気がある。

OKASHI topics お菓子トピックス

1959年、皇太子ご成婚でテレビの普及率が高まり、菓子メーカー各社のテレビCMも盛んに。インスタントラーメンのブームを受けて『ベビーラーメン』（おやつカンパニー）など、子ども向け関連お菓子が登場。名古屋・名鉄百貨店に「回るお菓子売り場」がお目見え。

ご存じ！ 当たり付きフーセンガム!!

1982

マルカワ いちご ガム 10円

1972

1959

マーブルガム

［丸川製菓］

フルーツ風味の硬い殻で包んだ、おなじみの玉状のガムだが、開発当初はブロック状の四角いガムやタブレット状を想定。しかし、砂糖をコーティングする工程でどうしても球状になってしまい、発想を切り替えてそのまま商品化したという。子どものお小遣いで買える手軽さがうれしかった。その後、「いちご」「グレープ」も仲間入り。

1990

当たりが出るともう1個もらえるのも『マーブルガム』のお楽しみ。一時期途絶えたこともあったが、1990（平成2）年に復活した。

コリス フエガム 2コ入5円

口にくわえて穴に息を吹きかけると「ピィーピィー」鳴る、遊び心が形になった定番菓子。のちに『フエラムネ』も加わった。『フエチョコ』も企画されたが、吹くとすぐ溶けてしまい見送られたとか。

1960

フエガム

［コリス］

~1961

1960年、安保闘争。徳仁親王(今上天皇)誕生。ダッコちゃん人形が大流行。日本初のインスタントコーヒー発売。カラーのテレビ本放送開始。池田勇人首相、所得倍増計画を閣議決定。

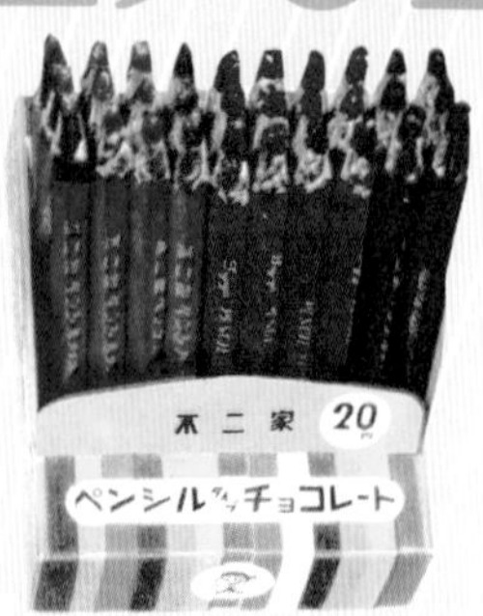

1960頃
ペンシルチョコレート
[不二家]

鉛筆状に成型したミルクチョコレートを色鉛筆のようなカラフルなアルミ包装で包んだファンシーなお菓子。現在は『チョコえんぴつ』として販売中。

1960
歌舞伎揚
[天乃屋]

民衆の伝統文化である歌舞伎にあやかり、萌葱・柿・黒の3色による定式幕(緞帳)の模様を包装袋にデザイン。各せんべいには家紋を刻印している。秘伝の濃口しょうゆが効いた甘辛風味。写真は発売当時、店頭にて量り売りで販売している風景。

2001

1986

1984

1963

山崎豊子の小説「ぼんち」が商品名の由来。淡口しょうゆをベースにかつお節と昆布だしのうま味を効かせたやさしい味の揚げせんべい。カリッと香ばしい食感ながら、口どけがよく、ついつい手が伸びてしまう。

ぼんち揚
[ぼんち]
1960

1960頃
にんじん
[やおきん]

戦前から親しまれたポン菓子を、にんじんを模したオレンジ色の尖った袋に詰めた駄菓子の定番。

1960
ムーンライト
[森永製菓]

夜空に浮かぶ満月のような形状から、「月光」を意味する名前で発売された。長年の研究成果により、卵と小麦と砂糖の黄金比率を見つけ出し、サクサクほどける独特の食感が生まれた。

OKASHI topics
お菓子トピックス

1960年代にかけて、よっちゃん食品工業、やおきん、チーリン製菓など個性派駄菓子メーカーが全国各地で相次いで創業。工業化が進み、せんべいや飴玉などの売り方も変化し、1個売りからパッケージ入りでの販売が主流に。

カラフルで楽しさもいっぱい!

1961 マーブルチョコレート
[明治]

「チョコは板チョコ」が主流の中、夏でも溶けずに食べられるチョコレートを目指して発売。「マーブルマーブル～」と繰り返すテレビCMソングがきっかけで大ヒットした。『鉄腕アトム』のシールも付きの時期もあった。

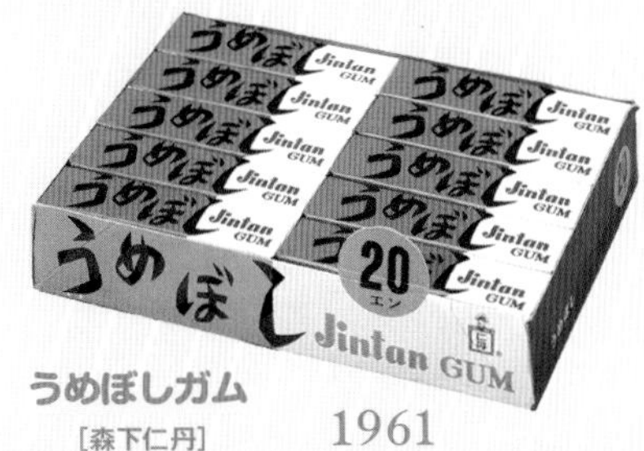

1977

1961 エンゼルパイ
[森永製菓]

創業以来の看板商品だったマシュマロとチョコレートとビスケットを組み合わせた、森永製菓を象徴するお菓子。

うめぼしガム 1961
[森下仁丹]

『仁丹』で知られる森下仁丹が平成初期頃まで発売していたチューインガム。『うめぼしガム』のほか、「フルーツ」「コーヒー」「はっか」「みかん」などかなり多くの種類があった。

1961 羽衣あられ
[ブルボン]

ブルボンの現存最古のお菓子。国産もち米を100%使用し、薄くパリパリとした食感と、藻塩を隠し味に使ったさっぱりとした味が絶妙。富士山を望む三保の松原の絵は今も使われている。

1961 フィンガーチョコレート
[カバヤ食品]

サクサク食感のビスケットにチョコレートをコーティングした、パーティーなどで定番のお菓子。銀と金のアルミ箔による個包装は昔も今も変わらないが、最近はピンクも加わっている。味はどれも同じ。

1969

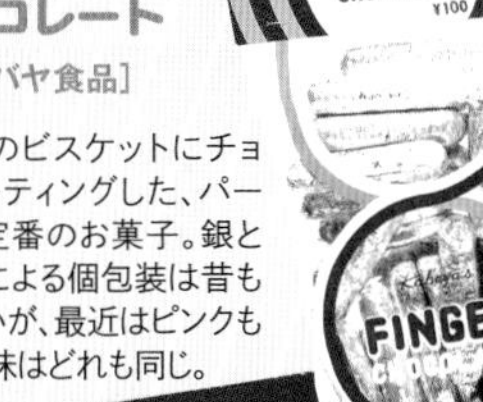

1973

モロッコヨーグル 1961
[サンヨー製菓]

チョコレートが主力だったサンヨー製菓が夏場対策にと発売したヨーグルト風味のお菓子。フタなどにある象の絵は、子どもたちに象のように強くたくましく育ってほしいとの思いが込められている。

ミニ特集

懐かしのお菓子回転台

構成・文／足立謙二

家の近所の駄菓子屋などではお目にかかれない、色とりどり、様々な種類のお菓子もギッシリ。どれとどれにしようか？と悩みながらも、つい顔が緩んでしまったものだ。とりあえず見たことのなかったものから、順にゴソッとカゴに入れていったような気がする。

1986(昭和61)年頃の風景。華やかなお菓子の山が途切れることなくぐるぐる回ってくる、その様子をずっと見ているだけで楽しくなってしまった。指をくわえて眺めている坊やは、あの頃の自分かも?

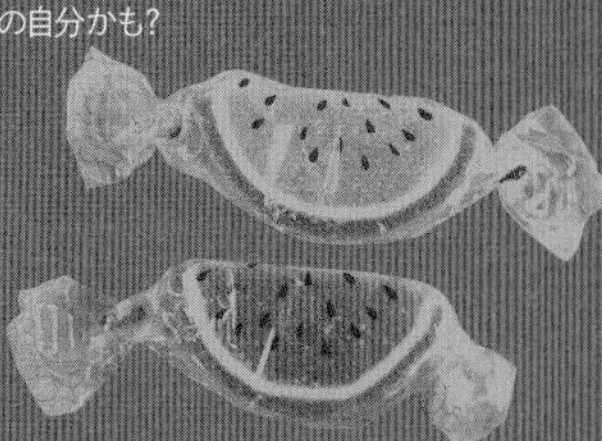

昭和後期の高度経済成長期に生まれ育った私にとって、親に連れられて繁華街のデパートへ買い物に出かけるのは、年に数回ほどのお楽しみイベントだった。ずっと欲しかったおもちゃを買ってもらえるチャンスであり、最上階のレストランでおいしいものを食べ、屋上の遊園地で目一杯遊ぶ。そして帰り際のお楽しみが、地下の食料品売り場にドーンと構えた「回るお菓子売り場」、いわゆる〝お菓子回転台〟だった。

色とりどりのキャンディやゼリー、あられやせんべい、ウイスキーボンボンなんかもあった。夢のようなお菓子山盛りの島は、目の前でぐるぐる回っているのを見ているだけで、もうここからずっと離れたくない金縛りの魔法にかかった心地になったものだ。

私たちの記憶の奥に刻まれていた、昭和時代から続く「お菓子の夢の世界」がここによみがえる。

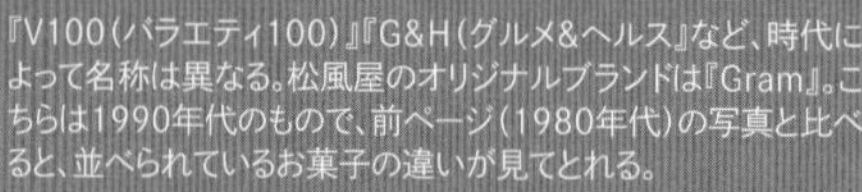
『V100（バラエティ100）』『G&H（グルメ&ヘルス』など、時代によって名称は異なる。松風屋のオリジナルブランドは『Gram』。こちらは1990年代のもので、前ページ（1980年代）の写真と比べると、並べられているお菓子の違いが見てとれる。

お菓子の回転台『Gram』を手掛けているのは、「尾張松風屋」などのブランドで知られる名古屋の老舗菓子商社・松風屋。1959（昭和34）年、その第1号を地元の名鉄百貨店に設置した。当時の会長がフランスで見かけた円形のアイスクリーム販売台をヒントに、これを回転させたら面白いのではと思い立ったのがきっかけだったとか。当初並べていたお菓子は約100種類で、価格は100gあたり60円。最初は他社の商品が中心だったそうだが、お菓子の量り売り自体が珍しいこともあって、出店するや大盛況となったという。

その後、全国の百貨店などに広がり、最盛期の1980年代には北海道から沖縄県まで約200店舗で設置されていた。令和に入り、残念ながら数は減る一方だ。それでも、SNSで「まだある」との情報が上がると話題になるなど、根強い人気がある。これからも頑張ってほしい。

きれいな色のゼリーにキャンディ

キャンディやゼリーは一粒ずつからチョイスできるので、いろいろな味を好きな割合で買えるのがうれしかった。兄弟で分けあってもケンカになりにくいので安心だ。

ちょっと渋めの大人のお菓子も

えびせんや甘納豆など、袋入りのお菓子はちょっと得した気分になれた。カラフルなゼリーボールも人気の高い定番。1990年代にはちょっとぜいたくなミニパンケーキなども加わった。

1961年、ソ連・ガガーリンが人類初の宇宙飛行に成功。歌声喫茶が登場。横浜マリンタワー開業。1962年、東京都の人口1000万人突破。ハヤカワ電機工業(シャープ)が電子レンジ発売。

~1963

日本のポテチ「のり塩」誕生!

1985

1970

1962

ポテトチップス のり塩

[湖池屋]

戦後、おつまみ菓子を製造販売していた湖池屋の創業者・小池和夫が、飲食店で口にした手作りのポテトチップスの味に「こんなおいしいものが世の中にあったのか」と感動し開発に着手。日本人に受け入れられる味を「のり塩」と定め、本場アメリカにもない、国産ならではのポテトチップスを誕生させた。

原料調達から生産方法、味付けまで試行錯誤を繰り返した末、商品化に成功。発売当初のポテトチップスは手揚げだった。徐々に評判が広がり販売も拡大し、1967(昭和42)年には量産化に成功した。

懐かしCM

「イケイケ! GOGO! コイケヤポテトチップス♪」のフレーズが懐かしい。俳優の石立鉄男がボクサーに扮したものやアメリカンフットボールの応援をイメージしたものなどがあった。

新たな味も続々! 味付けトリオも登場!!

不動の人気を得た1970年代には、「バーベキュー」「カレー」「味のガーリック」と新たな味が登場。特にガーリック風味は当時珍しく、オトナな味の印象があった。業務用やパーティー需要向けの大容量サイズも発売された。

1962年、森永製菓が『ディズニーキャラメル』発売。海外企業との提携、ライセンス販売がこの頃から盛んに。もち米不足により米菓業界が打撃を受ける。テレビコメディ番組『てなもんや三度笠』放送開始、「あたり前田のクラッカー」が流行語に。

1962 ルックチョコレート
［不二家］

チョコレートの中に、バナナやイチゴなど4つのクリームが入った『ルックチョコレート』。初代は粒が繋がった板状だった。「LOOK」のロゴは不二家の「F」マークも手掛けた産業デザインの巨匠、レイモンド・ローウィによるもの。

1962 パレードチョコレート
［森永製菓］

7色のシュガーコートにくるまれた粒形チョコレート。フタの部分にはおまけが入り、「動くバッジ」「マイクロ図鑑」「世界の小さな貝殻」などのおまけがあった。

1962 アーモンドチョコレート
［明治］

ヨーロッパで人気だった、アーモンドをまるごと包んだ丸型チョコに着目。独自製法で焙焼したカリフォルニア産アーモンドを使った大人向け本格ナッツチョコレートとして発売した。スライドして開けるスリーブ型の箱が話題となった。

1962 フィリックスガム
［丸川製菓］

人気キャラクター「フィリックス・ザ・キャット」が描かれたキャラクターお菓子の草分け。ひと口サイズのイチゴ味で、当たりが出るともう1個もらえた。写真は現行品。

1963 レモンタップ
［森永製菓］

1962 コーヒータップ
［森永製菓］

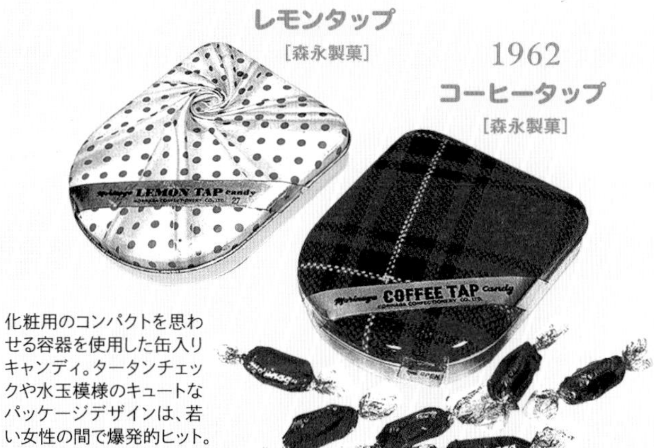

化粧用のコンパクトを思わせる容器を使用した缶入りキャンディ。タータンチェックや水玉模様のキュートなパッケージデザインは、若い女性の間で爆発的ヒット。食べた後も小物入れとして重宝されたようだ。

~1963

1963年、ケネディ大統領暗殺。新千円札（伊藤博文の肖像画）が登場。国産初のテレビアニメ『鉄腕アトム』放送開始。第1次マンションブーム。大阪駅前に初の横断歩道橋がお目見え。

まだ高級品だったチョコレートにヌガーを加えた独自製法を生み出し、子どものお小遣いで買える値段にしたら大ヒット。初代は10円で3つ山横長タイプだった。石油ショックによる物価高騰を受け20円、30円と値上げしたが、1979（昭和54）年から1つ山で10円に設定した『コーヒーヌガー』を発売。シュールなテレビCMなどの効果もあり、一大ブームを巻き起こした。

1962

チロルチョコ
［チロルチョコ］

1974

1976

1986

ストロベリー

1984

ビス

昔も今も定番の味が続々！

1984

アーモンド

1979

コーヒーヌガー

2003

きなこもち

1990

ミルク

1984（昭和59）年に登場した『ビス』や『アーモンド』など、徐々にラインナップが多様化。『きなこもち』など「チョコ」というジャンルに執着しない柔軟な発想が人気の秘訣といえそうだ。

時代を彩った味のバリエーション

価格設定は子ども向けを意識しながら、大人テイストのバリエーションを遠慮なく登場させてきたのも『チロルチョコ』ならでは。

OKASHI topics
お菓子トピックス

1963年、明治グループ提供によるアニメ『鉄腕アトム』放送、『マーブルチョコレート』にアトムのシールが付いた。『鉄人28号』は江崎グリコとグリコ乳業(当時)の買い切り番組となり、主題歌の最後に「グリコ、グリコ、グ〜リ〜コ〜♪」のコール入りに。

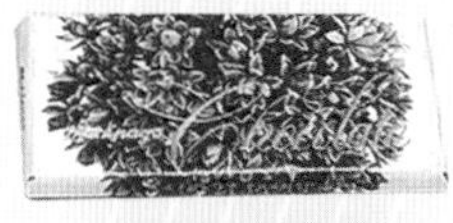

1963

フラワーチョコレート

［森永製菓］

図案的なデザインが流行りだった当時、あえてやさしい花のデザインがかえって引き立つのではとの逆転発想から立案。当時としては高度な印刷技術を用いることになり、準備に半年を要したという。

1963

スキップチョコレート

［森永製菓］

ピーナッツを5色のカラフルなチョコレートで包んだ見映えが子どもたちの間でウケて大ヒット。テレビアニメ『宇宙少年ソラン』のペナントが当たるキャンペーンなども実施。

ウサギとリスがトレードマーク

1960年代

雑誌で見つけた動物のマンガの原作者に作画を依頼して誕生。かわいいウサギとリスは、いつの時代も人気者だ。

1970年代

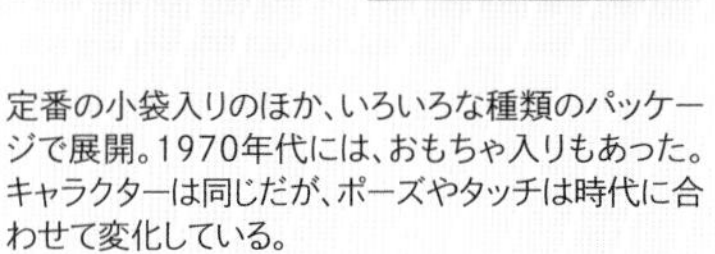

定番の小袋入りのほか、いろいろな種類のパッケージで展開。1970年代には、おもちゃ入りもあった。キャラクターは同じだが、ポーズやタッチは時代に合わせて変化している。

1963

クッピーラムネ

［カクダイ製菓］

1袋10円の手頃さからラムネ菓子の定番に。配送用の責任票に貼っていた熱帯魚の絵柄にちなみ、当初は『グッピーラムネ』と呼ばれていた。その後、濁点を取って『クッピーラムネ』が正式な商品名となった。キャラクターが付いている商品をとの当時の社長の決断から、ウサギとリスのキャラが採用された。

1964年、東海道新幹線が開通。東京オリンピック開催。新潟地震発生。日本、GATT11条国、IMF8条国へ移行し OECD 加盟。みゆき族が流行。

~1964

1962

プリッツ〈ソーダスティック〉

広島、神戸、新潟でテストセールとして主に業務用に販売していた初代『プリッツ』。ドイツ風の新しいおつまみとしてアピールしたが、売れ行きは思い通りにいかなかったという。

サラダプリッツ

1969

ロ－ストプリッツ

1973

1963

バタープリッツ

[江崎グリコ]

ドイツの伝統的焼菓子「プレッツェル」に着目して開発。当初は大人向けを想定したが、試験販売を経て子ども向けの「おやつ化」へ方針転換。「バターたっぷり、甘いスティック」をアピールし、パッケージには外国人のかわいらしい女の子を採用。さらに活発な宣伝効果もあり大ヒットとなった。1969（昭和44）年に「サラダ」、1973（昭和48）年には「ロースト」が登場し、プリッツ3本柱となった。

“プリッツ三本柱”70～80年代パッケージ

甘みを強調した「バター」、塩味を効かせた「サラダ」、焙煎した米を練り込んだ香ばしさが魅力の「ロースト」、あなたの好みは?

1987

1982

1980

1979

1976

1972

多彩な新フレーバーも

カレーやピザなど食の多様化に対応して新たな味が次々と登場。発売当初に苦戦を強いられたおつまみ向けに再挑戦すべく、1984（昭和59）年には『ビアプリッツ』も発売された。定番の3本柱も年々進化を続けている。

OKASHI topics
お菓子トピックス

『ポテトチップス』(湖池屋)、『プリッツ』(江崎グリコ)、『かっぱえびせん』(カルビー)など、おつまみ路線を狙った菓子が次々に登場。『ハイクラウンチョコレート』(森永製菓)、『ガーナミルクチョコレート』(ロッテ)の発売により、チョコレート市場の競争が激化。

1964
ハイクラウンチョコレート
[森永製菓]

チョコレート市場の競争が激化する中、より高品質、より現代的感覚、より高い携帯性をと高級外国タバコのパッケージをイメージして発売。70円という強気の価格設定も、テレビCMなどの効果もありヒット商品に。

1964
ガーナミルクチョコレート
[ロッテ]

アメリカ式の軽い味わいがチョコレートの主流だった中、ミルクチョコレート発祥の地・スイスの味をコンセプトに開発したロッテ初のチョコレート。カカオの実が描かれた真っ赤なパッケージは、強烈なインパクトを放った。

1964
ハイ・プレッツェル
[森永製菓]

茶菓子にもおやつにもビールのおつまみにもいけるスナックとして発売。広告では「日本で初の量産化完成」とアピールした。

1964
チョコバット
[三立製菓]

バットに見立てた棒状のパン生地にチョコレートをコーティング。くじは「アウト」がはずれ、「ホームラン」ならその場でもう1本。4枚集めると1本もらえる「ヒット」が加わったのは1967(昭和42)年から。

1987

1998

2007

当初はひねり包装だったが、1987(昭和62)年からピロー包装に。「チョコバットくん」は1998(平成10)年から3Dに進化。

1975

1965年、日韓基本条約成立。オリンピック景気の反動から、戦後初の不況に見舞われる。山一證券倒産の危機で日銀が特別融資。シンガポールがマレーシアから独立。第2次印パ戦争。

1986

「フレンチサラダ」を皮切りに、1980年代後半から味も多彩に。1990年代には期間限定の味も続々と登場した。

1964 かっぱえびせん

[カルビー]

広島で生まれ育ったカルビーの創業者・松尾孝が子どもの頃、母親に食べさせてもらった小えびの天ぷらをヒントに、えびを使った小麦あられを思いつき、試行錯誤の末に発売したのが『かっぱえびせん』の起源。数種類の天然えびを殻ごとまるごと生地に練り込んで味に深みを与えているのが「やめられない、とまらない♪」おいしさの秘密。社名の由来であるカルシウムなどの栄養の摂取もしっかり重視している。

数種のえびを使った抜群のうま味

大きなえびが『かっぱえびせん』の目印。1980年代以降は、鮮やかな赤の面積が増え、一段と食欲を誘う。

現行品

1985

1981

かっぱのお菓子 最初はあられ!?

カルビー創立当初は飴やキャラメルが主力だったが、1955(昭和30)年に小麦粉からあられを作る製法を確立し、『かっぱあられ』を発売。スナックメーカーとしての第一歩を踏み出した。『かっぱ天国』で知られる清水崑のイラストがかわいい。

OKASHI topics
お菓子
トピックス

糖価安定法が成立。砂糖価格が1キロ30円に引き上げられる。『ライオネスコーヒーキャンディー』(ライオン製菓)、『チャオ』(サクマ製菓)など新機軸のキャンディが相次いで登場。『チョコベビー』(明治)など携帯性重視のプラ容器が目立つように。

香り豊かなコーヒーの味わい

1964
ライオネスコーヒーキャンディー
[ライオン菓子]

甘さとほろ苦さが混じり合うのが魅力。キャンディに適した香り豊かなコーヒー豆を厳選。発売当初は贈答用もラインナップされていた。

1964
バッカス
[ロッテ]

芳醇な香りのコニャックを包んだ一粒タイプの大人向けチョコレート。冬季限定販売でフランス産オーク樽で2年以上熟成させたブランデーを使用している。

1965
ラミー
[ロッテ]

『バッカス』と並ぶ、洋酒チョコレートのロングセラー。みずみずしいラムレーズンと生チョコレートをハードチョコで閉じ込め、独特な触感が楽しめる。

1964
チャオ
[サクマ製菓]

本物のビターチョコレートを内包した大粒のハードキャンディ。早くチョコにたどり着きたくて、ついキャンディを噛み砕いてしまう。

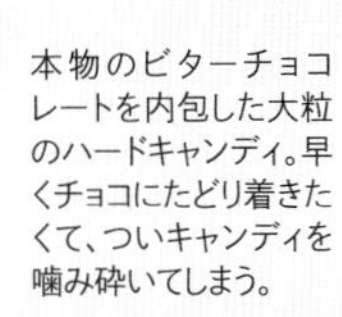

1965
ナッティ
[ロッテ]

アーモンドなどミックスナッツのペーストをミルクチョコで包み込み、ぜいたくなコクと香りを味わう一粒タイプのチョコレート。

1999　1985

1999(平成11)年から登場したキャラクターの名前は「ピースター」。当初名前はなかったが、2013(平成25)年に公募で決定。

1964
ピーナツあげ
[ぼんち]

クラッシュピーナッツを練り込んだもち米生地をカラッと揚げ、うま味を加えた塩で味付け。サクッとした食感とつぶつぶピーナッツの香ばしさがクセになり、食べだすと止まらなくなってしまう。

1975

1965

1965年、東京に初のスモッグ警報発令。NHKで『サンダーバード』放送開始。エレキギターブーム。初の国産旅客機YS-11が就航。国鉄、みどりの窓口を開設。

ちっちゃなチョコがぎっしり！

1965
チョコベビー
［明治］

透明プラスチックケースにミルクチョコの粒がぎっしり詰まった、遠足のお菓子の定番。一度に5粒まで頬張れる大きさを想定しているとか。かつては「いちご」も存在した。

1965
メロディ
［不二家］

『ルック』よりも先んじて一粒タイプで登場したミルクチョコレート。"これからの板チョコ"のキャッチフレーズで売り出され、当時は珍しかった粒タイプの形状で話題に。現在は終売。写真は1967（昭和42）年のもの。

1965
ヨーグルトキャラメル
［明治］

パッケージに描かれた白地に大粒の水玉模様が爽やかな味をイメージさせる。まろやかなキャラメルと乳酸菌のほのかなすっぱさが醸し出した絶妙な風味が魅力だった。2016（平成28）年終売。

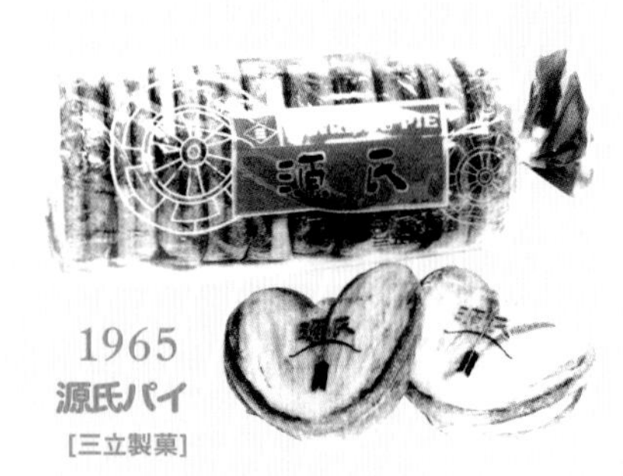

1965
源氏パイ
［三立製菓］

フランスの焼き菓子「パルミエ」をヒントに開発。手作業でなければハート型に焼き上げるのは不可能とされた中、試行錯誤を経て量産化を確立した。名前は、発売翌年の大河ドラマ『源義経』にあやかったという。

1965
ホワイトロリータ
［ブルボン］

「お客さんが来たときに食べられる」高級感のあるお菓子の代表格。苦心の末、クッキー生地にひねりを加える機械を開発して商品化。表面にまとったミルク味のホワイトクリームとの相性が抜群だ。

OKASHI topics
お菓子
トピックス

1965年、アニメ『オバケのＱ太郎』放送。不二家がスポンサーとなり、エンディングでＱ太郎とペコちゃんが共演。アニメ『宇宙少年ソラン』のスポンサーだった森永製菓では、キャラクター商品として、『チョコボール』の前身である『チョコレートボール』を発売。

タブレット型の〝食べるジュース〟

1965
ジューC
[カバヤ食品]

人気商品だった粉末ジュースをもっと手軽においしくできないかと、ビタミン製剤などをヒントに、ビタミンCを加え錠剤状に固めて発売。「ジュース+ビタミンC」が『ジューC』という名の由来。発売当初はレモン、ミント、オレンジの3つの味で展開。遠足にも持っていける手頃な清涼菓子として定番に。1980(昭和55)年頃からは、ビタミンCに代わって子どもの成長に欠かせないカルシウム入りになった。

1975

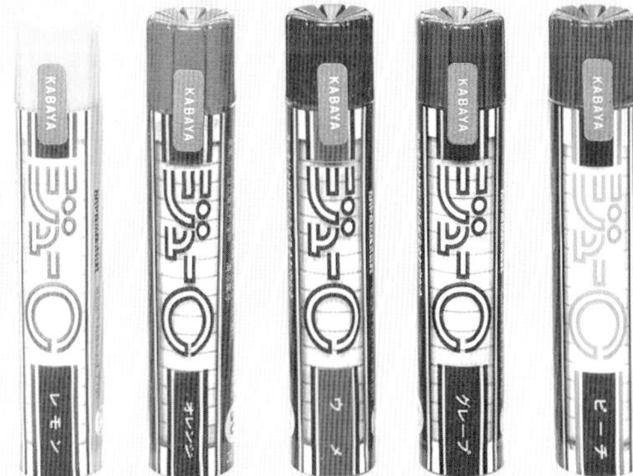

発売10周年を迎え、よりスマートなデザインに。当時テレビで流れた「カバドンドン♪」と歌うCMソングも子どもたちに人気だった。

仕掛けが付いて遊び心もプラス

1966(昭和41)年には外国風のポップなキャラクターの口からジューCが飛び出す『ジューC ダブル』を発売。子どもたちに大人気となった。

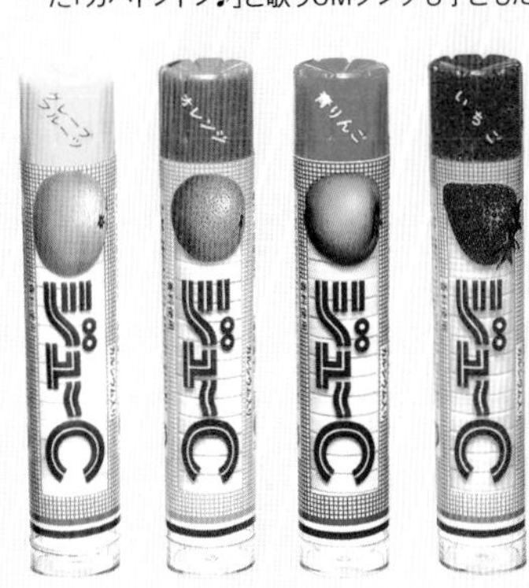

1979

1979(昭和54)年には、グレープフルーツが登場。その後も新しい味が続々登場。今までに登場した味と組み合わせの種類は50種類以上!

1966年、丙午でこの年のみ出生率が急低下。日本の総人口が1億人突破。ベトナム戦争で北爆が激化。ビートルズが来日公演。『ウルトラQ』『ウルトラマン』『マグマ大使』放送開始。

~1966

1965
ココナッツサブレ
[日清シスコ]

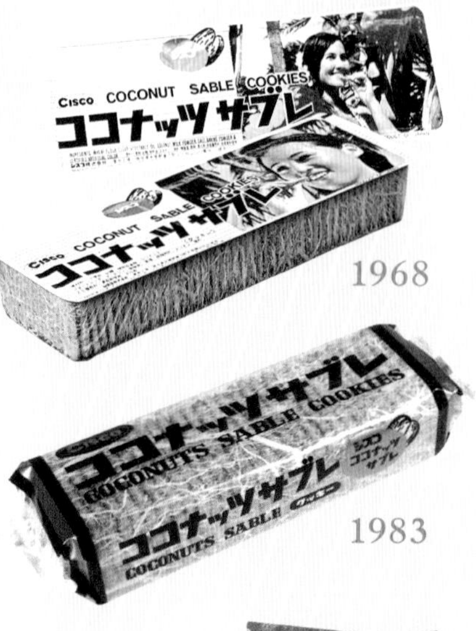

1968

シュガーコートされた長方形のビスケットで、ココナッツ風味とサクッとした歯ざわりが魅力。ココナッツといえばハワイということで、ハワイアンをイメージした限定パッケージが発売されたことも。2016（平成28）年に小分けタイプになったが、味はほとんど変わっていない。

1983

『ココナッツサブレ』や『エースコイン』など、1980（昭和55）年頃の人気商品を組み合わせたシスコ（現日清シスコ）の楽しい広告。

1966
お子様せんべい
[岩塚製菓]

国産米を100%使用した、小さい子も安心して食べられるソフトせんべい。発売当時に食べていた赤ちゃんの孫が食べているかも!? 2021（令和3）年にリニューアル。

1966
リズムードガム
[コリス]

かわいいイラストが魅力的な、1回5円でできる駄菓子屋の定番くじ引きガム。はずれのない総当たりくじだから、何が当たるかワクワクドキドキ!

江崎グリコが『ポッキー』を発売。プレッツェルにチョコレートをかけた組み合わせが大ヒット。この頃、駄菓子屋などの軒先にいわゆるガチャガチャ（カプセルトイ販売機）が置かれるように。

世界初の棒状チョコレート菓子！

1966

ポッキー

[江崎グリコ]

『プリッツ』にチョコレートをかけたら？ との発想から開発を開始。試作段階ではスティックをまるごとチョコレートで覆おうとしたが、食べやすさから持ち手部分を残すスタイルに落ち着いたという。ひとかじりしたときの「ポッキン！」という擬音から命名。1974（昭和49）年版までのパッケージは横方向のデザインだった。味もさることながら、ミシン目に沿ってパッケージを開封するときの感触も小気味いい。

1974

1998

1992

1988

1976

『アーモンドポッキー』と子ども向けを想定した『いちごポッキー』が仲間入り。洋酒のつまみや「ポッキー・オン・ザ・ロック」など様々な食べ方が広がった。

2010

2006

昭和末期から平成にかけての歴代パッケージ。初代から比較すると次第に白い隙間が減り、赤がより強調されてきている。

1981

「旅にポッキー」キャンペーンのパッケージ。松田聖子や岡田奈々など人気アイドルが各地名所を訪れるCMも話題に。

1967年、四日市ぜんそくで初の大気汚染訴訟。『オールナイトニッポン』放送開始。リカちゃん人形発売。ツイッギーが来日し、日本にミニスカートブームが到来。

~1967

1980

1977

1994

1966
ピーナッツ入り柿の種
［亀田製菓］

「柿の種」とピーナッツの組み合わせで大人気のロングセラー。店番をしていた創業者の夫人が、柿の種と傍らに並んでいたピーナッツを一緒に食べてみたらおいしかったのが、商品誕生のきっかけとか。柿の種とピーナッツの比率は、2020（令和2）年から発売当初の7：3に。現在は『亀田の柿の種』として販売。

宇宙食の柿の種!?

日本人宇宙飛行士がおやつを食べられるようにと、3年の研究、開発期間を経て完成しJAXAから宇宙日本食認証を取得。2021（令和3）年に野口聡一宇宙飛行士が食べた。

1967
キャンベビー
［カバヤ食品］

1980

1975頃

小粒のフルーツキャンディをプラケースから小出しにして食べるタイプ。レジャーブームの影響か、携帯性重視のお菓子がこの頃流行りだったようだ。発売当時はオレンジ、レモン、ストロベリーの3種。2019年終売。

OKASHI topics お菓子トピックス

『エールチョコレート』(森永製菓)が発売され、山本直純が出演するテレビ CM のフレーズ「大きいことはいいことだ」が流行語に。『サラダうす焼』(亀田製菓)、『ナイスクラッカー』(森永製菓)などサクサク食感のせんべい、クラッカーがトレンドに。

1967 エールチョコレート
[森永製菓]

「大きいことはいいことだ」で知られる指揮者・山本直純のテレビCMがあまりに印象的。「従来の板チョコよりひと回り大きくお徳用」という商品コンセプトから生まれた。

1967 ストロベリークリーム
[明治]

つぶつぶの心地よい食感と甘ずっぱく華やかな香りが口いっぱいに広がる、イチゴ好きにはたまらない板チョコ。白地に真っ赤なイチゴの粒が7つ乗っているパッケージも鮮烈だ。

森永製菓が愛知県・安城工場に導入した高周波オーブンで焼き上げ完成させたのが『ナイスクラッカー』。一部地方では学校給食で出されたとか。『タイムクラッカー』の広告には、英国の俳優マーク・レスターが起用されたことも。写真は1971(昭和46)年のもの。

1967 ナイスクラッカー・タイムクラッカー
[森永製菓]

1967 渚あられ
[栗山米菓]

自然に作り出される“ひび”にあえてこだわった、カリカリと堅めの食感。たまりじょうゆの濃厚で深い味わいがあとをひく。

軽くてパリパリ食感!

1967 サラダうす焼
[亀田製菓]

1970~1980年代頃

まだ高価だったサラダ油をからめ、パリパリと軽い食感とあっさりとした塩味で仕上げた。「スナックと米菓の中間的な存在」という位置づけでロングセラーを維持し続けている。

1968年、日本のGNPが自由世界で第2位に。メキシコ五輪開催、サッカー日本代表が銅メダル。十勝沖地震が発生。大気汚染防止法が施行。『ボンカレー』(大塚食品)発売。

1967

1967 チョコボール
[森永製菓]

大きなクチバシが特徴のキョロちゃんが初登場した当時は『チョコレートボール』を名乗っており、『チョコレートボール』『ピーナッツボール』『カラーボール』の3種で展開。内側のサックを引き上げると横からクチバシが出るパッケージだった。1969(昭和44)年から『チョコボール』に改名し、パッケージはサックを上に引き上げると、クチバシが現れる形になった。

(上)「おもちゃのカンヅメ」の前身「まんがのカンヅメ」。漫画の豆本やおもちゃが入っていた。(左)『チョコボール』といえば憧れの「おもちゃのカンヅメ」。1枚引ければゲットできる金のエンゼルマークへの道は険しく、銀のエンゼルマーク5枚を集めるには意外と根気がいる。

1973

1969

クチバシだけ起こすパッケージに!

1986

1973(昭和48)年にはキャラメルとピーナッツの2種がレギュラーフレーバーに。クチバシだけを起こす、現在まで続くパッケージになったのは1974(昭和49)年。

前身の『チョコレートボール』

パッケージにはキョロちゃんではなくテレビアニメ『宇宙少年ソラン』のキャラクター、宇宙リスのチャッピーが描かれていた。

『宇宙少年ソラン』DVD発売中
発売元:ベストフィールド
販売元:TCエンタテインメント

© TBS

『チョコボール』（森永製菓）が発売され、イメージキャラクターのキョロちゃんが初登場。「まんがのカンヅメ」キャンペーンもスタート。『プチガム』（明治）、『キャンベビー』（カバヤ食品）などプラ容器入りお菓子が発売され、小学生の遠足菓子のおやつの定番に。

いろんな種類のおもちゃが！

1967 スポロガム
［江崎グリコ］

「子どもに栄養菓子を」との創業理念の下、乳酸菌入りガムにおもちゃを封入。1971（昭和46）年版から、ガムは動物や汽車などの型抜きが楽しめた。『スポロ』とは有胞子乳酸菌「ラクトバチルス・スポロゲネス」に由来。

1980年代頃

1972

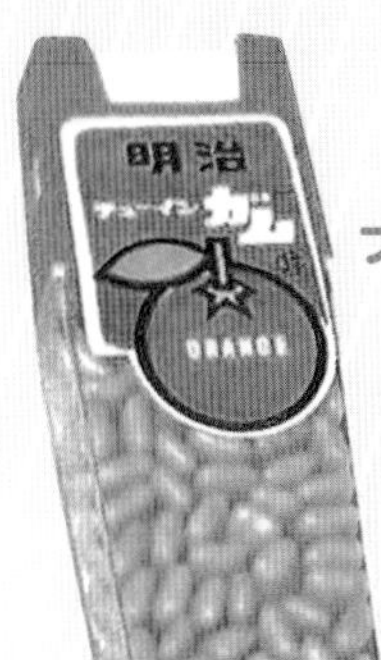

1967 プチガム
［明治］

容器上部の白いボタンを押すとガムが出るギミックが楽しかった。発売当初はオレンジ、ペパーミント、チェリーの3種で展開し、のちにグレープ、レモンも登場。

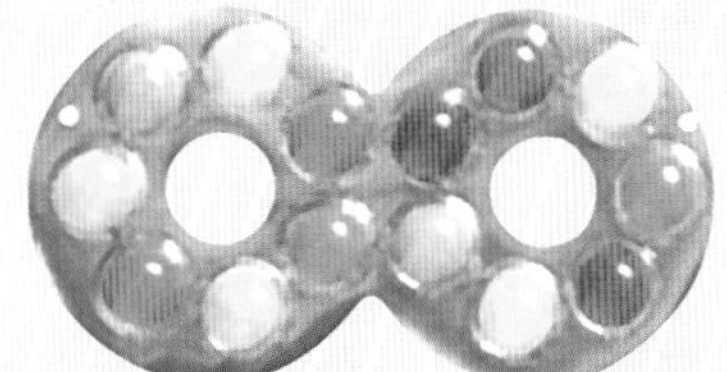

1967 ハイエイトチョコ
［フルタ製菓］

14個のカラフルな糖衣チョコが並び、縦にすると8の字、横にするとメガネ型に。シンプルな見た目ながら、おいしくて楽しいチョコ。目に当てて変身ごっこをする子もいた。

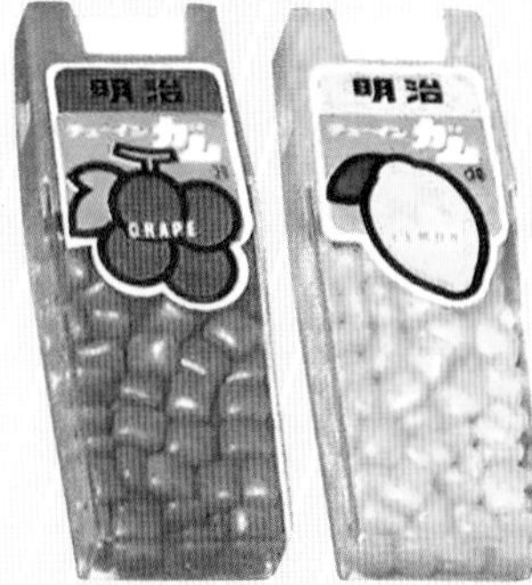

1970　1971頃

1967 チョコフレーク
［森永製菓］

クリスピータイプのコーンフレークに、ミルクチョコレートをまぶした軽い食感のチョコスナック。指先で摘んでもチョコがべとつかないのがうれしい。広告には“ミニスカートの女王”ツイッギーを起用した。2019（令和1）年終売。

サクサク感がたまらない！

1968

1968年12月、東京・府中で3億円強奪事件発生。『週刊少年ジャンプ』が創刊。映画『2001年宇宙の旅』『猿の惑星』などSF作品が人気に。アニメ『巨人の星』放送開始。

こだわりのチョコフォーティング！

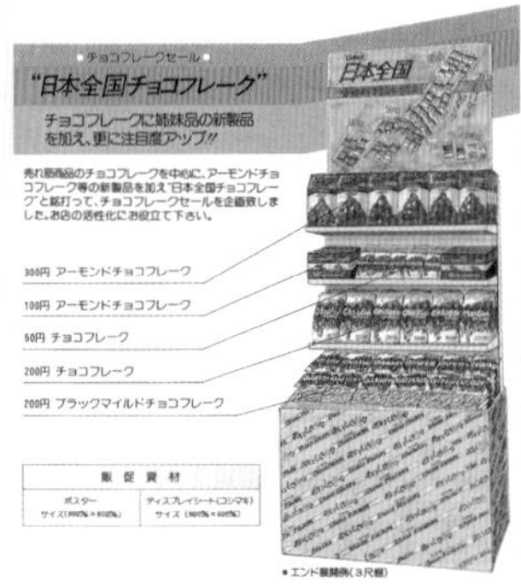

「日本全国チョコフレークキャンペーン」を展開した1980（昭和55）年頃のカタログ。

1968

チョコフレーク

［日清シスコ］

朝食用コーンフレーク『シスコーン』の大ブレイクを受け、チョコがけスナックとして発売。マイルドなガーナ産カカオと華やかな香りのエクアドル産カカオをブレンドした"Wブレンドカカオチョコレート"。近年はマイルドビターやチョコミントなど、いろいろな味も登場。

1968

わなげチョコ

［フルタ製菓］

リング状のブリスター容器に入ったチョコレート。時代を超えて『ハイエイトチョコ』とともに愛されるロングセラーだ。カラフルな糖衣チョコの粒は26個。

1968

アスパラガス ビスケット

［ギンビス］

カリッとした食感の生地と黒ごまの風味、塩味を利かせた甘じょっぱさが特長の、おやつにもおつまみにもなるスティックビスケット。巾着袋風のパッケージは今も変わっていない。

1968

ホームパイ

［不二家］

不二家洋菓子店で販売している「デリシャスパイ」を元に、卸売用商品として開発された。生地を重ねて焼く層数は約700層！ バターの風味とパイのサクサク食感が特徴だ。

~1969

1970~79

1980~88

1989~99

2000~18

OKASHI topics
お菓子トピックス

1967年に森永製菓、1968年にシスコ(現日清シスコ)が『チョコフレーク』を相次いで発売しどちらも人気に。『カール』(明治)が発売され、国産スナック菓子市場拡大のきっかけとなる。

1983

1975

「それにつけても」のフレーズが即浮かぶスナック菓子の元祖。「お菓子は甘い」の常識を払拭すべく、ポップコーンを参考に開発。子ども向けの「チーズがけ」、大人向けの「チキンスープ」から始まり、その後「カレーがけ」「うすあじ」が加わった。「カール坊や」は1975(昭和50)年から登場したが、脇役だった「カールおじさん」のほうがいつしか『カール』の顔に。2017(平成29)年、全国販売を中止し、西日本限定販売となった。

くるりんとした形が特徴！

1968 カール
[明治]

季節や地域限定の味も！

1969

1968

1982

1971

1979

「ピザあじ」「かーるいしおあじ」など、各時代ならではの味も続々と登場。平成以降は「お好み焼きあじ」「オタフクソースあじ」など地方色を意識したものや、甘い『チョコカール』「ナッツキャラメルあじ」なども。

懐かしCM

(上)カール坊やが初登場したテレビCM「おらが春」篇。おじさんは小さく映っているだけだったが、1980年代には主役に出世。三橋美智也が歌うCMソングののどかな歌声も耳に残る。

~1969

1969年、アポロ11号が月面着陸。人類が初めて月に降り立つ。東大安田講堂事件。東名高速道路全通。アニメ『サザエさん』放送開始。UCCが缶入り『ミルクコーヒー』発売。

BON BON BON BON BON BON BON BON

ハリスチューイング ボン ニュース

ヨーロッパタイプのシャレたガム!

1968
ボン
[クラシエフーズ]

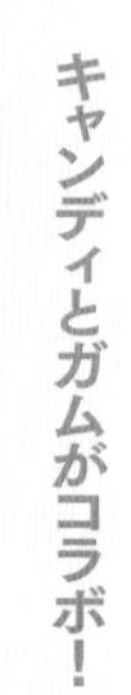

キューブ状のガムを硬いキャンディで包んだ、ヨーロッパ生まれの「超新型ガム」として登場。味は、ペパーミント、サワーアップル、グレープなど。のちに中心にソフトキャンディを入れ、1粒で3度楽しめる組み合わせで大ヒット。

1968
ノース キャロライナ
[不二家]

渦巻き模様のソフトキャンディ。赤い縦縞の袋も印象的だ。当時の社長が米アパラチア山脈で古木の切り株を目にし、その立派な年輪に感銘を受け名付けたという。

1969
おみやげガム
[コリス]

人気の『フエガム』と糖衣を包んだ『トーイガム』が入った、駄菓子屋ガムの定番。ひもで吊るして売られていた。現在は終売。

1968
ナッツボン
[カンロ]

焙煎したピーナッツをローストキャラメルで包み込んだナッツクランチ。カリッとした独特の食感で、香ばしいナッツとキャラメルの豊かな味わいが楽しめる。

OKASHI topics
お菓子トピックス

1969年、食品衛生法改正により食品添加物規制が強化、表示が義務化される。アポロ11号の月面着陸成功にあやかり、『アポロチョコレート』（明治）発売。新たなキャラメル『ハイソフト』（森永製菓）が登場し大ヒット。『おにぎりせんべい』（マスヤ）も新発売。

1975（昭和50）年頃には、ユニークなロボットやメカなどのイラストが描かれたシール付きだった。

1969 スピン
[森永製菓]

米ゼネラルミルズ社との合弁会社で製造。ひと口サイズの車輪型スナックのサクサク感が心地よい。味はチーズ、カレー、バターの3種でおなじみだが、イチゴ味の『スイートスピン』も短期間存在した。

1990年代

1969 おにぎりせんべい
[マスヤ]

当時、せんべいといえば丸や四角が定番の中、「三角のおせんべいがあってもいい」と商品化するや、中高生のおやつの定番に。初代は袋もおにぎり型だった（ただし厳密には六角形）。

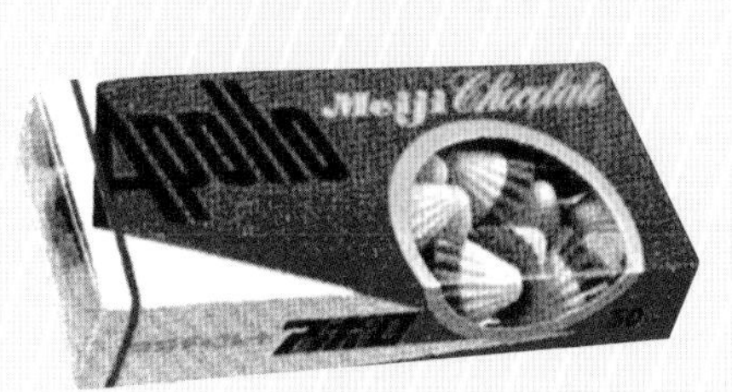

1969 アポロチョコレート
[明治]

アポロ11号の月面着陸成功にあやかり、帰還したときの司令船の円錐形をかたどった形だが、実は明治がお菓子の名前で商標登録したのはもっと前。元はギリシャ神話の太陽神アポロンに由来している。

1969 ハイソフト
[森永製菓]

『ハイクラウンチョコレート』『ハイココア』など高品質な商品を次々に発売した森永製菓が、原点であるキャラメルの新路線として開発。ミルクと脂肪をたっぷり加え、よりソフトでミルクリッチな味に仕上げた。

ローカル発の人気者！
ご当地お菓子❶

全国発売のメジャーなお菓子もおいしいけれど、ローカル発のお菓子だって、味も人気も負けてはいない！「ご当地お菓子」のコーナーでは、そんな地元では誰もが知るスター級のお菓子をご紹介。長年地元を中心に愛されているお菓子たちは、地元民でなくともどこか懐かしさを感じる。

懐かしCM

あ、さて、あ、さて、
さてさてさて…

♪お餅のようで
お餅じゃない
飴といっても
やわらかい

それは何かと
たずねたら
…ソ〜〜ソ♡

浪速の
ソフト
こんぶ飴ぇ〜♪

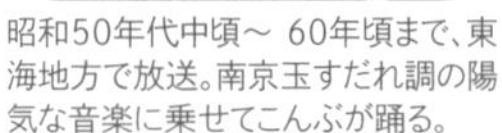

昭和50年代中頃〜 60年頃まで、東海地方で放送。南京玉すだれ調の陽気な音楽に乗せてこんぶが踊る。

1980~2000

1930

1927~岐阜県発

こんぶ飴
[浪速製菓]

ほのかに磯の香りが漂い、餅のようにやわらかい食感が特徴の『こんぶ飴』。北海道産の天然昆布を水飴などでじっくり練り込んだ、風味豊かなソフト飴だ。鉄やマグネシウムなどがホウレンソウの約3倍含まれている昆布をたっぷりと使い、食物繊維やミネラルも豊富。添加物は一切使用せず、素材にこだわった自然食品でもある。

「ヘルシーで栄養価も高い昆布をもっと手軽に食べられたら」と、創業者が考案。『ソフトこんぶ飴』の発売は、1960（昭和35）年から。

もち米を使い、油で揚げたカリント風味のかわいらしい米菓で、1930(昭和5)年発売のロングセラー。終戦後、お菓子の形が梅のつぼみに似ていることから、春の訪れをつげる「梅にうぐいす」の発想で『鶯ボール』という商品名に。ころころっとした独特の、梅のつぼみのような形状は、油で揚げる過程で自然にできる形だという。

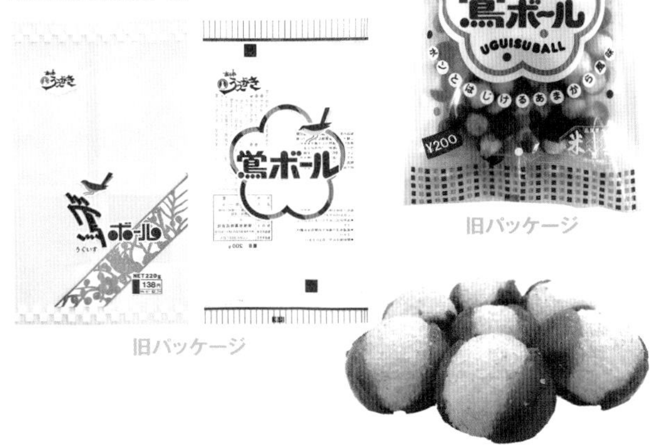

旧パッケージ

旧パッケージ

1930～兵庫県発

鶯ボール

[植垣米菓]

白い部分は餅で、外側の茶褐色の部分は小麦粉。もち米、小麦粉、砂糖、食用油、食塩と、シンプルな原材料ならではの素朴な味わい。

イメージにぴったりの健康的なモデルさんも登場。消化がよい『からいも飴』は、無添加の健康的な食品としても人気だ。

1975頃

1991頃

1886～鹿児島県発

からいも飴

[冨士屋あめ本舗]

鹿児島の郷土菓子として知られる素朴な味わいの『からいも飴』。鹿児島産のからいも(さつま芋)だけを使い、麦芽製法にて直火釜でじっくり炊き上げた飴だ。最初はキャンディのように硬いが、舐めているとやわらかくなる。熱いお茶と一緒に食べると口どけもよく、さつま芋の甘さと風味が口いっぱいに広がる。

『日本ご当地おやつ大全』(辰巳出版)より抜粋・編集。

1970~'79

OKASHI Chronicle OUTLINE

アポロ11号が月面着陸に成功し、大阪で万国博覧会が開かれるなど、科学技術の進歩と未来への夢が拡大する中で迎えた1970年代、お菓子の世界も飛躍の時代に突入した。

まず顕著となったのが、スナック菓子分野の広がりだ。その予兆は、1968（昭和43）年の『カール』（明治）発売頃からあったが、1970（昭和45）年発売の『ピックアップ』（明治）、『ポリッピー』（でん六）、1972（昭和47）年発売の『サッポロポテト』（カルビー）、1973（昭和48）年発売の『ポテコ』『なげわ』（いずれも東ハト）など、小麦粉やじゃがいも、ナッツなどを原料としたサクサクと軽い歯ごたえの〝しょっぱい系〟が短期間のうちに一大市場を形成していった。しょっぱい系ではないが、ブームを超える社会現象となった『仮面ライダースナック』（カルビー）の大ヒットも、この勢いを加速させた重要なファクターといえるだろう。

国産ポテトチップスの元祖・湖池屋の『ポテトチップス』も、大人向けの当初の需要から、子どもが好むおやつ向けへとシフトしていったのがこの時期だった。そんな流れを見逃さず、カルビーも1975（昭和50）年に『ポテトチップス』を投入。本格的なポテトチップス時代の到来を告げた。

チョコの市場では、『アルファベットチョコレート』（名糖産業）など、小粒のチョコが大袋入りで手軽に味わえる低価格商品も登場。それまでは高級品とみなされていたチョコレートにも変化が訪れた。

さらに、高度経済成長の影で自然保護の重要さが叫ばれる中、『小枝』（森永製菓）、『きのこの山』『たけのこの里』（いずれも明治）など、自然や田舎をテーマにしたチョコレート菓子も続々と登場。ユニークな形と新しいおいしさで、現代に続くロングセラーへと育っていく。

そして見逃せないのが、おまけ付きお菓子の拡大だ。『チョコベー』（森永製菓）、『ビックリマンチョコ』（ロッテ）など、愉快なシールが付いたものや、『ビッグワンガム』（カバヤ食品）のように本格的プラモデルが付いた、常識破りのお菓子も登場。子どもたちの購買意欲を駆り立てた。

また、カラーテレビが当たり前となる中でテレビCMによる販売競争も激化。商品のイメージキャラクターとして、時のトップアイドルや人気の俳優を起用するなど、ティーンエイジャーたちの心を揺さぶった。

LOTTE
Eve
CHEWING GUM
香水の魅惑
Memories of Your Elegant Fragrance

Caramel Corn
キャラメルコーン

CHELSEA
Meiji
BUTTER SCOTCH
THE TASTE OF OLD SCOTLAND

LOTTE
JUICY&FRESH
CHEWING GUM®
BE ALWAYS HAPPY WITH EXCELLENT TASTE AND FLAVOR

不二家キャンディ
mix
ソフトエクレア

Meiji
ポポロン
チョコクリーム入り

小枝
MORINAGA CHOCOLATE

coffeebeat
Meiji CHOCOLATE

Glico
Cream
Collon

森永
ポテロング
ノンフライ

カルビー仮面ライダースナック
20円

chip star
NEW POTATO CHIPS

カルビー・スナック
サッポロポテト
50円

カルビー
新発売
90g
100円

DON PACH
ORANGE
ドンパッチ

HAPPY TURN
ハッピーターン

BIG-1

ロッテ
ビックリマンチョコ
どっきりシール入り
30

日本初の万国博覧会が大阪で開催。東京・銀座で歩行者天国がスタート。ケンタッキーフライドチキンが日本初進出。よど号ハイジャック事件が発生。ボウリングが大ブームに。

1970

ここが、フルーツの楽園！

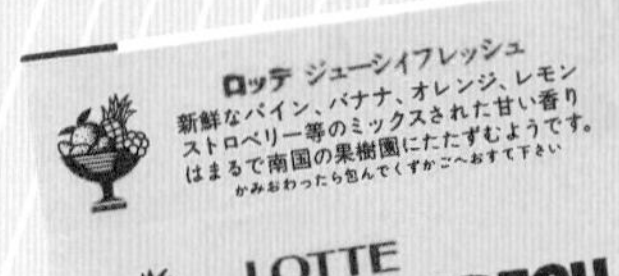

ジューシー＆フレッシュ

［ロッテ］

“まるで南国の果樹園にたたずむよう”な新鮮なフルーツのミックスされた香りにシナモンがアクセントで入る。1995（平成7）年に終売し、2020（令和2）年に一度復活。

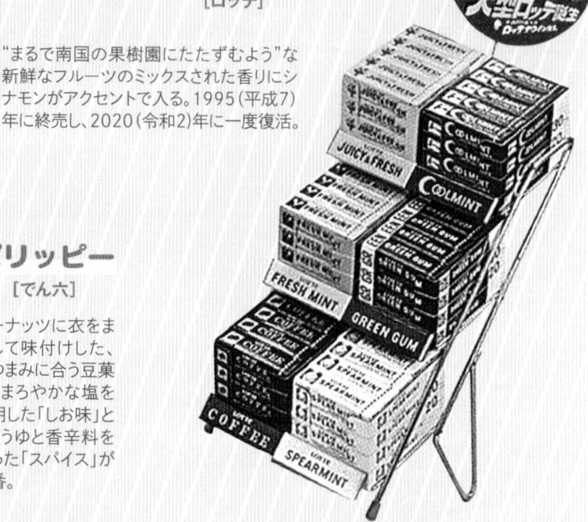

ポリッピー

［でん六］

ピーナッツに衣をまぶして味付けした、おつまみに合う豆菓子。まろやかな塩を使用した「しお味」としょうゆと香辛料を使った「スパイス」が定番。

ピックアップ

［明治］

歯ざわりもサクサク！ カリッと焼き上げた香ばしい超軽量スナック。バスケット型の「コンソメ味」が印象深いが、初期にはフラワー型の「かるいしお味」、リング型の「ピザふうの味」もあった。2017（平成29）年終売。

ソフトサラダ

［亀田製菓］

サクッとした歯ごたえなのに、口の中でふわっとやわらかく溶けていく、サラダ油をからめて塩をまぶしたせんべい。洋風で高級感のあるイメージで米菓の定番の味に。

OKASHI topics お菓子トピックス

江崎グリコの『ペロティ』『カプリコ』が次々とヒット。大阪の洋菓子メーカー・エルザが大阪万博会場内でドイツの伝統菓子・バームクーヘンを販売し大反響を呼ぶ。サクマ製菓の新機軸キャンディ『いちごみるく』が大ヒット。

カプリコ
[江崎グリコ]

コーンカップにふわっとしたエアインチョコがドッキング。「カプリと食べる」や「イタリアのカプリ島の明るさ・楽しさ」をイメージして名付けられた。片手で食べられる手軽さも受けて定番化。

ペロティ
[江崎グリコ]

動物や人気マンガのキャラクターなどのイラストがプリントされた、ペロペロキャンディ風の棒付きチョコレート。ホワイトチョコとミルクチョコの2層式でぜいたく感があった。なめると絵が溶けていくのが、はかなくも楽しい。

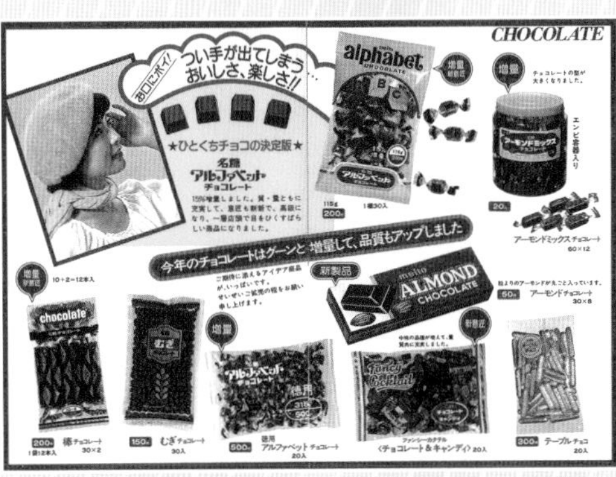

1987(昭和62)年のカタログ。主役は、やはり『アルファベットチョコレート』。キャッチコピーは「ひとくちチョコの決定版」!

アルファベットチョコレート
[名糖産業]

チョコの天面にアルファベットが刻印された、個別包装のひと口サイズチョコレート。家族や友だちとチョコを並べて楽しみながら食べられるパーティーお菓子の定番に。「A」から順番に食べていくこだわり派もいるとか。

1987

1984

1971年、NHK総合テレビが全番組カラー化。『仮面ライダー』『帰ってきたウルトラマン』が放送され、変身ヒーローブームが到来。横綱・大鵬が引退。日清食品が『カップヌードル』発売。

~1971

1970

噛んで食べるキャンディ!?

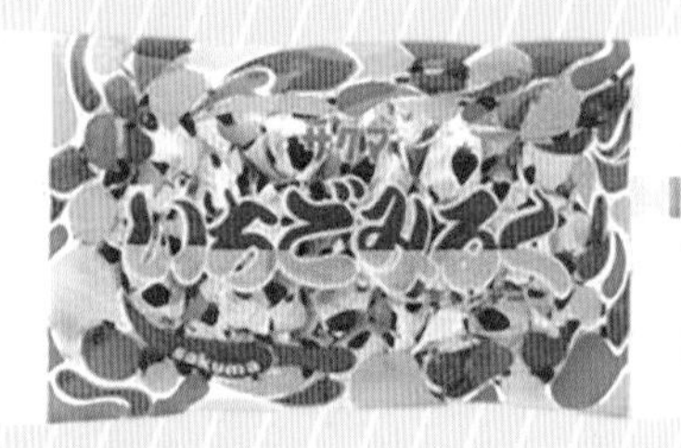

1985

いちごみるく

［サクマ製菓］

短時間で食べ切れる飴が作れないかと「カリッと食べられる、噛む飴」という逆説的コンセプトを発案。1年の苦心の末、飴を層状に折り重ね、薄い飴で包む製法を確立した。発売当初は苦戦したものの、子ども番組のおやつコーナーで採用されたのを機に、一気に人気化した。

ニッキアメ

［春日井製菓］

心地よい辛味と豊かな香りのニッキ味がおいしい飴。ちょっとしびれる感じの独特な刺激がクセになる。郷愁漂う和風で大人な味。

1992

2004

2009

平成以降、白地に赤い文字が映えるすっきりしたデザインに変更。2004（平成16）年には、イメージキャラ「三つ子ちゃん」が登場。近年は発売当初を感じさせるロゴに。

様々な“旬の味”も展開

「マロンみるく」「みかんみるく」「白桃みるく」「青りんごみるく」など、“旬の味”が5粒入った期間限定キャンペーンも実施。

OKASHI topics
お菓子トピックス

1971年6月にチューインガム、9月にキャンディ、チョコレートなどの菓子の輸入が自由化。ロッテオリオンズが誕生。『ソフトエクレア』(不二家)、『ソフティー』(クラシエフーズ)などソフトキャンディが評判に。ナビスコのクラッカー『リッツ』が日本で発売開始。

1971

ソフトエクレア
[不二家]

バニラ、チョコレート、コーヒーの3種類のクリーム(現在はバニラ、チョコ、アーモンド)をキャラメルの生地で包んだソフトキャンディ。

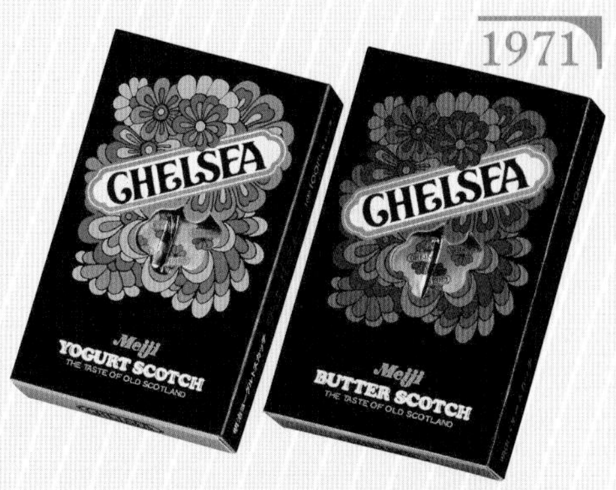

チェルシー
[明治]

練り合わせた原料をそのまま型に流し込む日本初の製法を用い、英国伝統のスカッチキャンディを商品化。たっぷり使われたバターの風味が際立つ。小さな窓がある黒地に花柄のパッケージが上品だ。

フレッシュなフルーツのシズル感にあふれたパッケージ。(下左)女の子のしぐさ「ピッカ・ブー」は、いわゆる「いないいないばー」。

ソフティー
[クラシエフーズ]

ストロベリー、パイナップル、マスカットの天然果汁や果肉をふんだんに使った、みずみずしいフルーツの味や香りが特徴。ソフトな噛み心地と食感のユニークなソフトキャンディ。

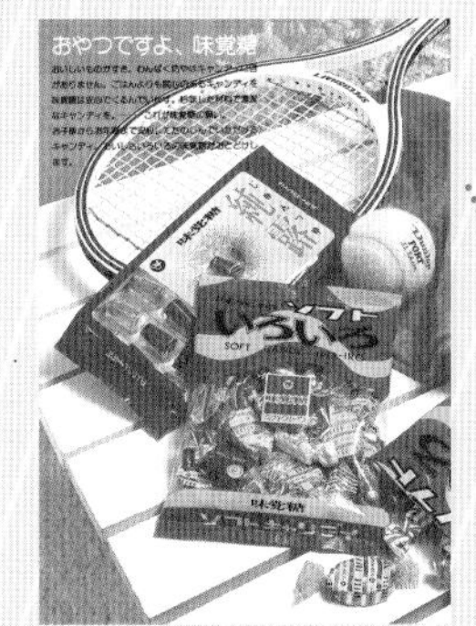

1977(昭和52)年頃のチラシ。

キラキラ輝く"自然なおいしさ"

純露
[UHA味覚糖]

宝石のような透き通った見た目が上品さを漂わせる。黄金色のべっこう飴と紅茶味の2種類を同梱。発売当初は、薬剤などで使われているブリスターパックを採用していた。写真は1972(昭和47)年のもの。

1971年、円が変動相場制へ移行。マクドナルド日本1号店が東京・銀座に開店。パンタロンがブームに。アメリカンクラッカーが流行。映画『ゴジラ対ヘドラ』公開。

1971

自然への思いを込めて

小枝
［森永製菓］

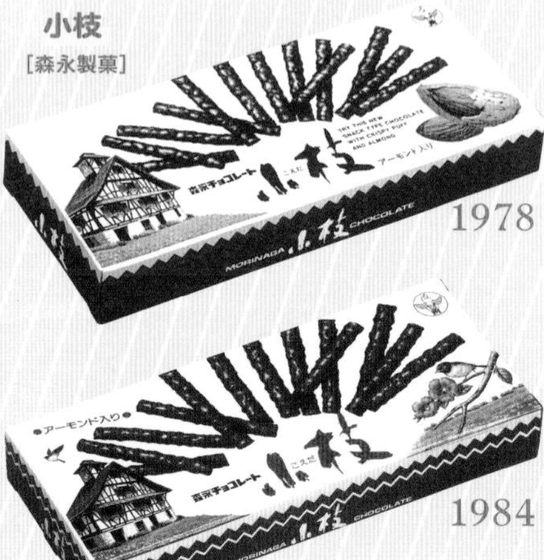

1978

1984

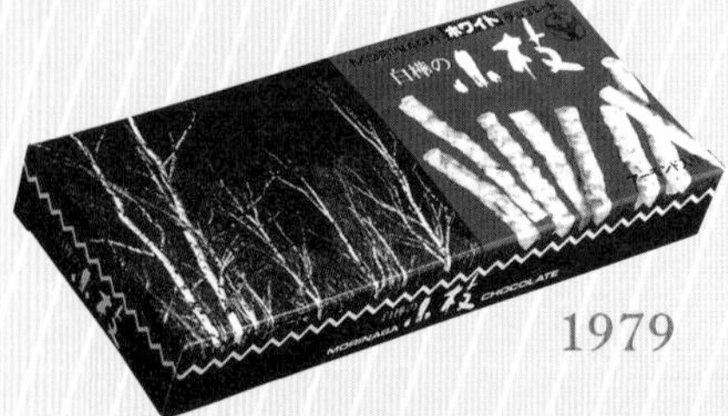

1979

高度経済成長の裏で自然破壊が社会問題になっている中、「高原の小枝を大切に」をスローガンとし生まれたチョコレート菓子。『小枝』ほどの細いチョコを作るのは難しいそうで、今もなお唯一無二のロングセラーだ。1978（昭和53）年にはアーモンド入りに進化、1979（昭和54）年にはホワイトチョコレートの『白樺の小枝』も登場。

コーヒービート
［明治］

コーヒー豆の形をしたほろ苦い小粒チョコ。大阪万博を機に缶コーヒーやインスタントコーヒーの人気が高まり、チョコとコーヒーが一度に楽しめる商品として開発。日本人好みのコーヒー豆選びで苦心したという。

エンペラー
［ロッテ］

高級感のあるロゴやデザインを施したパッケージが目をひく、まさに“皇帝”の名に恥じないチョコレート。草刈正雄をCMに起用、勲章型のブローチが当たるキャンペーンも実施された。

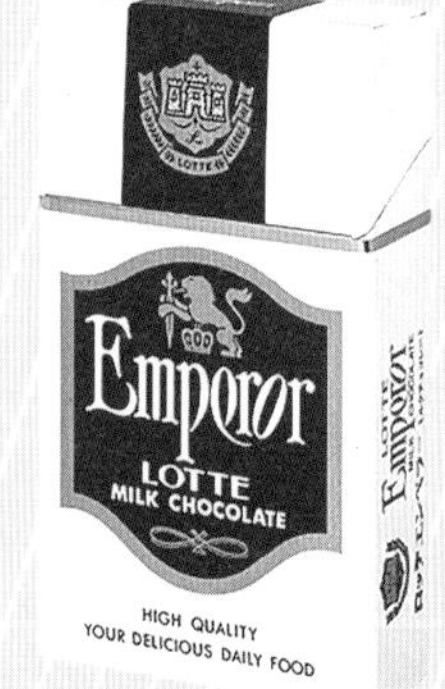

OKASHI topics
お菓子トピックス

森永製菓が『小枝』を発売、自然派を謳うお菓子の先駆けとなる。『キャラメルコーン』（東ハト）が登場し、甘味系スナック分野を切り開くきっかけに。大阪万博で缶コーヒーが評判だったのを受けて、コーヒー風味のお菓子がブームの兆しを見せる。

コロン
［江崎グリコ］

円柱形のサクサクしたワッフル生地に、生クリーム仕立てのクリームを詰め込んだひと口サイズの焼き菓子。クリームの口どけのよい食感とやさしい甘さがクセになるプチスイーツ。1970（昭和45）年に広島でテスト販売を行い、1971（昭和46）年に京阪神地区で本格発売。

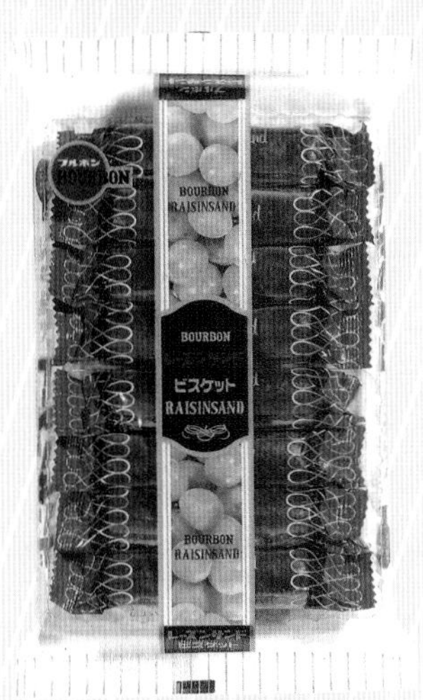

レーズンサンド
［ブルボン］

洋酒に漬け込んだレーズンを、はみ出しそうなほどにムラなく挟んだぜいたく感あふれるクッキー。しっとりとしたソフトな食感が特徴だ。2020（令和2）年に一旦終売したが、ファンからの熱い要望に応えまもなく復活した。

1袋で甘みも塩気も！

キャラメルコーン
［東ハト］

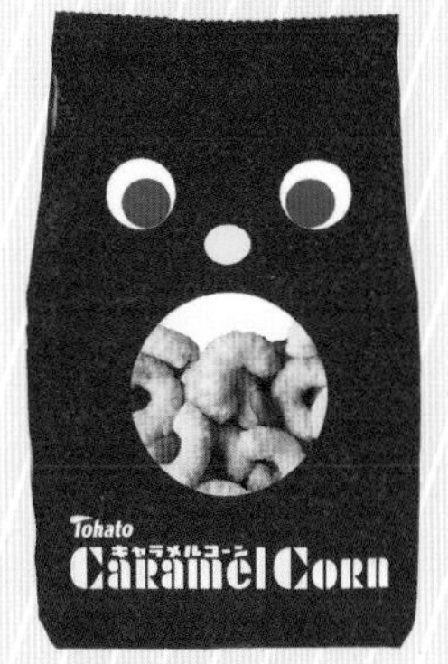

2003

1995

塩味が主流だったスナックに、キャラメルシロップを使った甘さで挑み大ヒット。味と香りのアクセントとして塩気のある皮付きローストピーナッツが入っている。1995（平成7）年には、はちみつを加えるなど時代に合わせたリニューアルを続けている。2003（平成15）年にパッケージ自体をキャラクター化。優しい青い瞳をした「キャラメルコーンくん」が誕生。

1972年、札幌冬季オリンピックが開催、スキージャンプで日の丸飛行隊が表彰台独占。あさま山荘事件。旧日本兵、横井庄一さんがグアム島から帰国。アニメ『マジンガーZ』放送。

~1972

1971

仮面ライダースナック

[カルビー]

『仮面ライダー』放送開始と同じ年に登場したスナック菓子。1袋で1枚もらえる「仮面ライダーカード」集めが子どもたちの間で大流行し、カードだけを取ってお菓子を捨ててしまうといった事態が全国で発生。「ライダースナック投棄事件」として社会問題になり、袋に「お菓子は残さず食べよう」という一文が記載された。「かっぱえびせん姉妹品」とされるが、ピンク色の花型をした甘い菓子だった。

多くの子どもが熱中！

「仮面ライダーカード」で爆発的人気に！

カード作りには専属のカメラマンがロケ現場に同行し、新しい怪人を時間を置かずにカードに登場させるなど、子どもたちの思いに対応。カード裏面の解説は、番組プロデューサーが執筆していた。

1973

仮面ライダーV3スナック

[カルビー]

『仮面ライダー』に続き、1973(昭和48)年に放送を開始した『仮面ライダーV3』のスナックも登場。パッケージデザインが、前期(右)と後期(左)で異なっている。

OKASHI topics
お菓子
トピックス

札幌冬季オリンピックにちなみ、カルビーが初の本格ポテトスナック『サッポロポテト』を発売。森永製菓が『チョコベー』発売。奇抜なテレビ CM が子どもたちの間で評判となり、オリジナルシール付きお菓子の先駆けとなる。

1972

どの容器も集めたくなる!

ペッツ
[森永製菓]

1927(昭和2)年にオーストリアで生まれたペパーミントキャンディで、キャラクターのヘッド付きディスペンサーとセットで世界中の子どもたちに人気となった。名前は、ドイツ語でペパーミントを表す「pfefferminz」からとったもので、日本では森永製菓が1972(昭和47)年から発売。

日本発売当初のヘッドは、ディズニーや『ペッツ』オリジナルキャラクター、動物シリーズなど全18種類。現在は日本の人気キャラクターも使われている。

チョコベー
[森永製菓]

ヤジロベエをモチーフにした、ユニークなキャラのイラストが描かれた「ベェシール」が付く、ヌガーを包んだチョコレートバー。田舎の校庭に立っている子どもが両腕を広げると、地面の影が山に向かってグングン伸びて「ちょ～こべ～」と唸るテレビCMは、強烈な印象を与え、まねする子どもが続出した。

「ベェシール入り」新発売の広告。第1弾のシールは全50種類。テレビCM効果もあり、売り切れる店も多かったようだ。

1973

ナンセンスな「ベェシール」入り!

初期のヤジロベエ型のほか、1974(昭和49)年には縦長のパターンも登場。赤塚不二夫や『トイレット博士』のとりいかずよしがイラストを担当したことも。

1972年、東北自動車道が開通。日中国交正常化。上野動物園でジャイアントパンダのランラン・カンカン公開。沖縄が本土復帰。山本リンダ『どうにもとまらない』が大ヒット。

1972〜1973

1974

新しいポテトスナックを開拓！

1983

1981

サッポロポテト

[カルビー]

カルビーの本格的ポテトスナック。じゃがいもの一大生産地である北海道最大の都市・札幌から『サッポロポテト』と命名。1981（昭和56）年からベースのポテトにトマト、にんじんなどの野菜を練り込み"食べる野菜ジュース"を謳った。1983（昭和58）年にはパッケージに野菜の写真を使い、商品名を『サッポロポテト&ベジタブル』に。

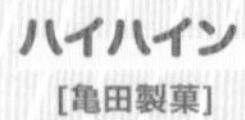

ハイハイン

[亀田製菓]

「赤ちゃんのはじめてのおやつ」として開発した米菓。すうっと口の中で溶け、まだ歯の生えていない子でも安心して食べられるよう作られており、つかみ食べの練習もできる形に。

チーズあられ

[中村製菓]

チェダーチーズのような色をした、カリッとした食感の薄くて小さなあられ。あっさりした塩味で、ほのかにチーズの香りも漂う。昔も今も駄菓子屋の定番お菓子として人気だ。

OKASHI topics

お菓子トピックス

『オールレーズン』（東ハト）、『ルーベラ』（ブルボン）、チューインガム『イブ』（ロッテ)など、高級感を強調するお菓子が相次いで発売。『チーズあられ』（中村製菓）、『ハイハイン』（亀田製菓）など、米菓分野に新風が流れる。

オールレーズン
［東ハト］

生地と生地の間に皮ごと干したレーズンをたっぷり挟み込み、独自の製法でぎゅっと薄くし焼き上げたクッキー。素材感たっぷりのしっとり食感で、濃厚なレーズンの味が楽しめる。

むぎチョコ
［高岡食品工業］

香ばしい麦のポン菓子にチョコレートをコーティングした『むぎチョコ』。現在も発売当時と変わらない製法で作られ続けている。どこか懐かしいホッとする味のチョコ菓子だ。

高級感漂う魅惑の香り

イブ
［ロッテ］

発売時のキャッチフレーズは「魅惑の香水ガム」。キンモクセイなど花の甘い香りに爽快感のあるミントをブレンドし、若い女性たちの間で人気となった。ローズミント風味の『ドナ』もあった。

ルーベラ
［ブルボン］

フランス生まれのクッキー「ラングドシャ」の生地を筒状に丸めたシガレットクッキー。甘さを抑えつつ、バターのまろやかさが口の中に広がる上品な仕上がりだった。

栗チョコレート
［森永製菓］

中心部に栗のクリームを包んだ一粒タイプで、栗の実の形をしたチョコレート。『小枝』に続き、自然の大切さを強く打ち出したテレビCMや広告を展開した。

1973

BOO
［クラシエフーズ］

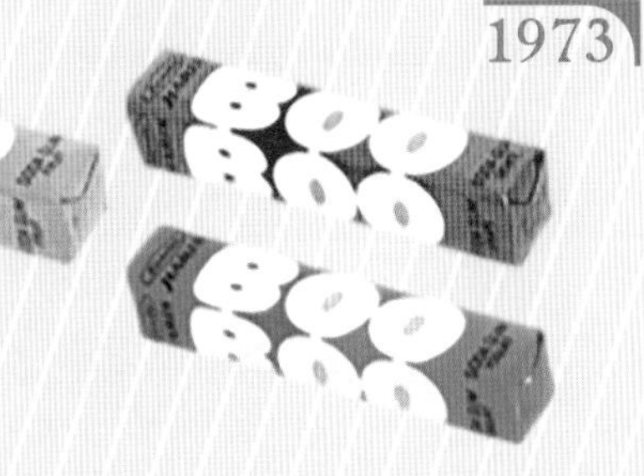

ミントやフルーツなど単一フレーバーのガムが一般的だった中、ガムの真ん中に発泡粉末を入れ、唾液との反応でシュワッとソーダのような感触が味わえるとして大ヒットした。

1973

映画『日本沈没』『仁義なき戦い』が大ヒット。五島勉著『ノストラダムスの大予言』がベストセラーに。ユリ・ゲラーが来日するなど、オカルト・超能力ブームが到来。

2大リング型スナック登場!!

1985

1974頃

ポテコ

[東ハト]

2001

1995

じゃがいものお菓子といえばポテトチップスが主流だった中、日本では当時珍しかった成型ポテトスナックとして発売。「ポテトの子」という意味から、『ポテコ』と名付けられた。太めのリング形状のカリッとした食感が特長。誰もが一度はやる「スナックを1つずつ指にはめる」食べ方は、メーカー側はまったく想定外だったとか。

ポテコくん＆なげわくん登場

2006

2006

2006（平成18）年、キャラクター「ポテコくん」「なげわくん」が誕生し、パッケージも味もリニューアルされた。『ポテコ』は「うすしお味」から「うましお味」に、『なげわ』は「コンソメ味（現在はうましお味）」に。

1985

なげわ

[東ハト]

細めのリング形状のサクッと食感が特長の『なげわ』。ポテトの輪をカウボーイの投げ縄に見立て、『なげわ』と名付けられた。発売当初、『ポテコ』は箱入りだったが、『なげわ』は中身が見えるデザインで、ウエスタンなイメージのパッケージに。なぜか関東では『ポテコ』、関西では『なげわ』のほうが売れたという。

OKASHI topics
お菓子トピックス

東ハトが『ポテコ』『なげわ』を発売。国産成型ポテトスナックの先駆けとなる。明治がイギリス発祥の『マクビティ・ダイジェスティブビスケット』を発売し大ヒット。『キットカット』もこの年に日本発売を開始、海外ブランドのお菓子が評判となる。

ラムネ
[森永製菓]

飲むラムネ瓶型の容器に食べるラムネを入れるという、ちょっとした遊び心が楽しい。ブドウ糖90%配合なので、頭の回転が鈍ったときにガリッと噛めば頭もすっきり!

遊べるお菓子の定番!

フエラムネ
[コリス]

『フエガム』と並ぶ、ピィーピィーと鳴らしながら食べられる、今でも子どもたちに大人気な定番ラムネ菓子。吹いても吸っても音がなるので、口笛が吹けない子でも楽しく遊べるよ。

1935(昭和10)年に英国で生まれ、ウエハースを包んだチョコを1本ずつパキッと切り離してポキッと食べるスタイルで人気に。不二家が1973(昭和48)年に日本発売を開始し、1988(昭和63)年からネスレ日本が不二家との合弁会社で発売。

1988

キットカット
[ネスレ日本]

キット、サクラサクよ。受験生応援製品登場!!

「きっと勝つとぉ(きっと勝つよ)」という九州の方言から受験生の間で自然に生まれた『キットカット』を使った応援。そこでネスレ日本では、2003(平成15)年から受験生が泊まるホテルへ『キットカット』をプレゼントするとともに、「受験生応援製品」の発売を開始。

キットカット ミニ
受験生応援パック
あったかマフラー付き

キットカット 受験生応援
ステーショナリーパック
シャープペンシル付き

輪島が学生出身初の横綱昇進。第1次オイルショックで物価が高騰。トイレットペーパーや洗剤などに買いだめ騒動が発生。中央線にシルバーシートを設置。

1973

豆の〝うまさまるごと〟

品質向上のためビニール製からアルミパックになった1984(昭和59)年頃のチラシ。

1983

グリーン豆

[春日井製菓]

日本経済が石油ショックによる狂乱物価にあえぐ中、「おいしさと満腹感で家族を笑顔にする新しい豆菓子を」との思いから誕生した。えんどう豆を小麦粉でからめて2度揚げし、中はサクサク、外はカリッと2種類の食感が楽しめると爆発的ヒット。あまりに売れすぎ、生産設備を大型化してもまかないきれないほどだったという。

2020

2009

2000

1985

ハートチップル

[リスカ]

かわいらしいハート型のスナック菓子だが味は強烈。濃厚なニンニクの風味とサクサクの食感がクセになる。袋を開けた瞬間にツーンと漂ってくるニンニクのにおいが食欲をそそる。ニンニク好きにはたまらないスナック。

2002頃

2023

OKASHI topics
お菓子トピックス

この年までに、人工甘味料のチクロ、ズルチン、サッカリンが使用禁止添加物となる。浅田飴が液体低カロリー甘味料『シュガーカット』を発売。春日井製菓が『グリーン豆』を発売、大ヒット。お米が原料のスナック『コメッコ』（江崎グリコ）もヒット。

コメッコ
[江崎グリコ]

お米を使った生地を薄く伸ばし、油を使わずカリッと香ばしく焼き上げたライススナック。しょうゆとホタテ風味の奥深い味で、サクサクと軽い食感も楽しい。飽きのこないおいしさは、おやつにも軽食にもマッチする。

マクビティ
[明治]

19世紀末にスコットランドで生まれ、英国王室でも愛されている全粒粉製ビスケット。マクビティの代名詞的代表商品である『ダイジェスティブビスケット』は、独特のザクザク食感と豊かな小麦の風味を存分に味わえる。

大人の嗜好品がパロディ菓子に！

梅ミンツ
[オリオン]

大人向けにヒットしていた梅味清涼剤をパロディ化。タバコをモチーフにした『ココアシガレット』に続けと、高級ライターをモチーフにしたパッケージで発売し大ヒットした。

オリオンの商品群

つねに子供達の注目のまとであるオリオンの商品群は新しい時代のニーズに沿ったおいしさと楽しさあふれる商品群なのです。

1979（昭和54）年頃のカタログには、『ココアシガレット』『梅ミンツ』『ミニコーラ』など、戦後の高度成長期を支えた大人たちの嗜好品をパロディ化したお菓子がズラリ！ ほかにも、『パラシュート』『望遠鏡』など、遊べる容器入りの「ニュータイプ」も（右）。

1974年、巨人・長嶋茂雄が現役引退。北の湖が史上最年少(当時)で横綱昇進。ダビンチの「モナリザ」が日本国立博物館で初公開される。東京・豊洲にセブン・イレブン1号店が開店。

~1974

次は野球で大ヒット!

あの選手がカードに!

記念すべきカード番号No. 1は長嶋茂雄。カードデザインも時代に合わせて変化し、これまでに数多くの有名選手がカードに登場している。

1973
プロ野球スナック
[カルビー]

『仮面ライダースナック』の大ヒットを受け、次なるカード付きスナックをと投入。巨人軍の9連覇や王貞治選手の三冠王などプロ野球人気の盛り上がりと見事に噛み合った。初代の中身は『サッポロポテト』だった。

1974
おさつクッキー
[カルビー]

さつまいものスナック第2弾として登場した『おさつクッキー』。『サッポロポテトバーベQあじ』の生地の形を応用した四角い網目型で、カリカリ、サクッとした食感が特長。(左)発売後にリニューアルしたパッケージ。

1973
サツマポテト
[カルビー]

『サッポロポテト』の大ヒットに続く、健康志向の野菜スナック第2弾として発売。カルビーで初めてさつまいもを原料に使った、甘い蜜をかけたスティック形状のスナックだった。

業界で初めて肉のうま味を生地に練り込んだ、「野菜と肉のスナック」として発売。じっくり煮込んだ肉とじゃがいものスープを使った独特な風味で人気に。見た目も楽しいアミアミ形状は、バーベキューの焼き網をイメージ。

1974
サッポロポテト バーベQあじ
[カルビー]

1985

OKASHI topics

お菓子トピックス

1973年、石油ショックによる物価高騰の波はお菓子業界にも押し寄せ、値上げの動きが相次いだ。カルビーがプロ野球人気選手のカードがもらえる『プロ野球スナック』、翌74年に『サッポロポテトバーベQあじ』を発売。どちらも大ヒット商品に。

楽しさがポケットサイズに!

1974
カギっこチョコ
[チーリン製菓]

1973
プチチョコ
[チーリン製菓]

上部のフタが笛になってピーピー遊べるプラケースに詰まった、まん丸のカラフルな糖衣チョコ『プチチョコ』。鍵の形をしたブリスター容器の『カギっこチョコ』は、共働き家庭が増えてきた当時の流行語"鍵っ子"から命名されたユニークなチョコ。チョコ玉は、現在でも製造から検品まで手作業で手間暇を惜しまず作られている。

ちびっ子大喜び! チーリン製菓の楽しいお菓子

1975 **パイポチョコ**

1975
ステッキチョコ

1987
ボトルサワー

1988
コンパスチョコ

1975
カラーペンチョコ

「おなかを満たすだけでなく、心を満たす」がモットーのチーリン製菓のお菓子。社名には、「チャリーン」という小銭の音から、いつの時代も子どもたちが小銭で買えるおいしく楽しいお菓子を販売するようにとの願いが込められている。

1975年、山陽新幹線が博多へ延伸。サイゴンが陥落しベトナム戦争終結。エリザベス英女王が来日。田部井淳子が女性初のエベレスト登頂に成功。

~1975

1974

クランキー

[ロッテ]

小麦粉などが原料のモルトパフがぎっしり詰まった、香ばしくてサクサクした食感のパフ入りチョコ。発想のヒントは、和菓子の「おこし」だった。パッケージは、西部時代のゴールドラッシュを連想させる麻袋をイメージ。

セシル

[江崎グリコ]

『アーモンドチョコレート』の妹分的存在で、まろやかなミルクと香ばしさを強めたカカオ豆を使用した一粒タイプのチョコレート。山口百恵&三浦友和をCMに起用し、『アーモンドチョコレート』とコンビでアピールした。

1976　小雪

1975　小夏

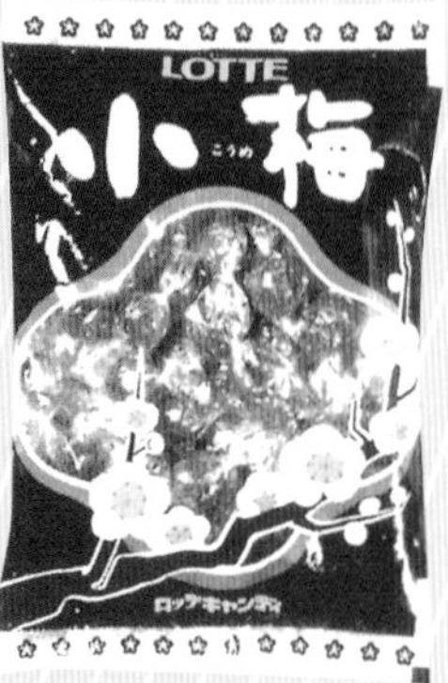

"甘ずっぱい 恋ずっぱい"

梅エキス入りハードキャンディに梅肉の凍結乾燥パウダーをコーティングした『小梅』。はじめは梅干しのような酸味と塩味、しばらくすると甘ずっぱい味に変化する梅の味のキャンディ。味を長く楽しみたいという声もあり、1978(昭和53)年から大玉2個入りに。夏みかん味の『小夏』、リンゴ味の『小雪』なども季節限定で登場。

小梅

[ロッテ]

パッケージに小梅ちゃん登場!

イメージキャラクター「小梅ちゃん」ら従姉妹が登場したのは1982(昭和57)年。小梅は東京・小石川の15歳で三姉妹の末っ子、小梅と同い年の小夏はからっとした性格のお転婆娘、小雪は恋に憧れる純情な北国に住む14歳。

OKASHI topics
お菓子トピックス

1974年、ロッテがスナックパフをチョコレートに応用した『クランキー』、梅エキス入りのハードキャンディ『小梅』を発売。今に続くロングセラー商品に。1975年、『きのこの山』(明治)が空前の大ヒットとなり、自然派系お菓子の代表格となる。

スカイミント

[江崎グリコ]

刺激ひかえめで適度な甘さのミント味のソフトキャンディ。ミントの刺激と爽やかさが早く口いっぱいに広がるように、センター部分にはソフトタイプのミントが入ってる。

ルマンド

[ブルボン]

サクッと軽い食感のクレープ生地を幾重にも重ね、甘さを抑えたココアクリームで包んだ上品なクレープクッキー。ブランドカラーの紫は、上質で高級なイメージで、ルマンドそのものをイメージさせる色となった。

心地よいサクサク食感!!

1975

自然系チョコスナック、登場!

きのこの山

[明治]

『アポロチョコレート』を逆さにしてクッキーを挿し、傘のようにしたアイデアが原型だった。さらに食べやすさなどを考慮し、軸をクラッカーにして商品化。見た目のかわいらしさなどもあり、発売するや大ヒットとなった。

カプッチョ

[ロッテ]

サクッと軽い食感のコーンパフにチョコをコーティングしたチョコレートスナック菓子。チョコ味とストロベリー味の2種を発売。当初はシンプルなパッケージだったが、近年はアニメキャラなどのイラスト入りに。

子門真人の『およげ!たいやきくん』が空前の大ヒット。広島東洋カープが初優勝。紅茶キノコが健康にいいと大ブームに。『ペヤングソースやきそば』(まるか食品)発売。

1975

ジューシー感がたまらない!

1982

グリーンアップル

1979

オレンジ

1977

アップル

『ハイクラウン』『ハイソフト』と続いた、大人向け高品質を意味する「ハイ・グレード」シリーズの一角で、初期のサック箱のパッケージには英語のロゴが刻まれている。上下の白いソフトキャンディでフルーツの味をサンドし、すっきりとした甘みと酸味が味わえた。ガムのような食感だが、口の中で食べ切れるのがうれしい。

ハイチュウ

[森永製菓]

1986　グレープフルーツ

グレープフルーツ味が加わった1986(昭和61)年には、横方向の7粒入りスティックパックに大幅リニューアル。

マスカットキャンデー

[カバヤ食品]

当時まだ高級で珍しかったマスカットの味を形とともに再現した、ビー玉のような大粒でクリアなエメラルドグリーンの飴。その後、「ネーブル」「はっさく」「白桃」などの味も発売。

ぱりんこ

[三幸製菓]

植物油でサラッと焼き上げたシンプルでソフトな歯ざわりのサラダせんべい。粒度の違う3種類の塩を混ぜ味に深みを出す一方、隠し味のしょうゆが独特なコクを生み出している。

OKASHI topics
お菓子トピックス

『ハイチュウ』（森永製菓）が登場、残らず食べ切れるチューインキャンディと評判に。アメリカのコーンスナック『チートス』（ジャパンフリトレー）が日本上陸。カルビーが『ポテトチップス』を発売、国内ポテトチップス市場は大競争時代に突入。

カルビーのポテトチップス誕生

1984

1976

ポテトチップス

[カルビー]

1987

発売当初は苦戦したが、袋をアルミ製にするなど地道な努力で人気化していった。「ポテト坊や」もその一助に。

『サッポロポテト』の成功を経て、カルビー長年の宿願だったじゃがいもスナック事業への本格的参入を果たした決定版的商品。女優・藤谷美和子による「100円で『カルビーポテトチップス』は買えますが～」のテレビCMは流行語となった。新じゃがの季節になるとパッケージに明記するなど、素材へのこだわりを感じさせた。

チートス

[ジャパンフリトレー]

1948（昭和23）年、アメリカで誕生したチーズフレーバーのコーンスナック。チーズの濃い味はあとひくこと必至。写真は1989（平成1）年のもの。

今や定番の味も続々仲間入り！

1976
のり塩

1978
コンソメパンチ

1976（昭和51）年には「のり塩」、1978（昭和53）年には「コンソメパンチ」が登場。特に「コンソメパンチ」は、まさに「パンチが効いた味」として爆発的人気に。その後の様々なフレーバー誕生への第一歩となった。

コラム❶

旅の思い出を呼び起こす！ お土産お菓子

構成・文／足立謙二

1707年～ 赤福餅

[赤福]

お伊勢参りの定番土産。「赤子のような、偽りのないまごころを持って自分や他人の幸せを喜ぶ」ことを意味する言葉「赤心慶福」から名付けられた。当初は"塩あん"だったそうで、現在のような"あん"になったのは明治末期、昭憲皇太后に献上したのがきっかけだった。（上右）店内お召し上がり用の赤福餅とほうじ茶のセット。（右）現在の土産「折箱」。（上）テレビCMにも登場した旅姿のキャラクターの名は赤太郎。

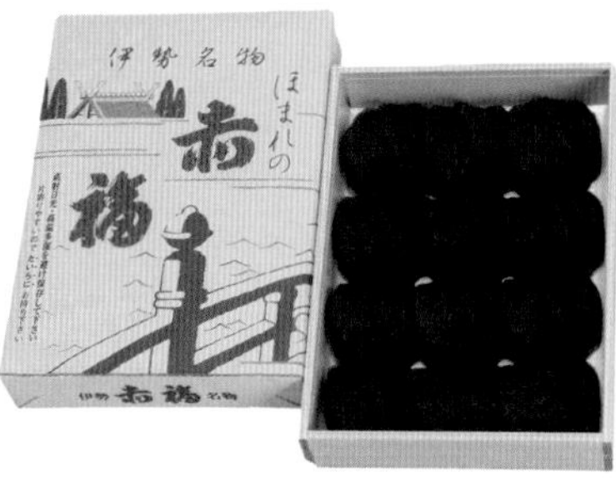

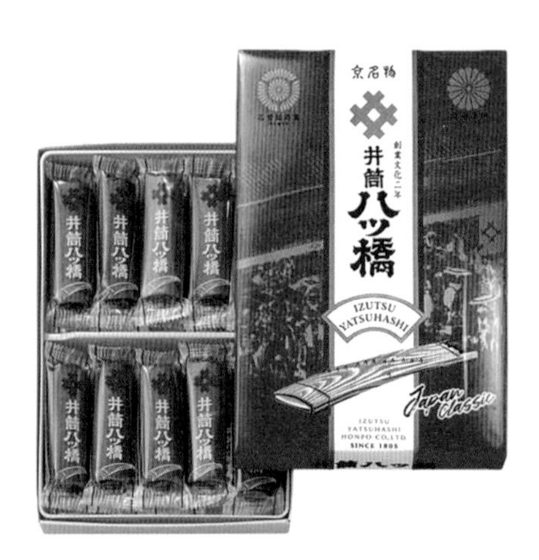

1805年～ 井筒八ツ橋

[井筒八ツ橋本舗]

箏曲の開祖・八橋検校を偲び、箏（こと）を模した堅焼きせんべいを「八ツ橋」と呼んだのがはじまりとされる。花街・祇園の茶屋で人気を博し、明治時代の鉄道開業とともに京都駅で販売され、京土産の代表的存在となった。写真は化粧箱入り（現行品）。

1976年〜
白い恋人
［石屋製菓］

フランスの焼き菓子「ラング・ド・シャ」でチョコレートをサンド。創業者がスキーからの帰りに降ってきた雪を見て「白い恋人たちが降ってきたよ」と呟いたのがきっかけで商品名となり、北海道の定番土産となった。写真は発売当時の『白い恋人』缶。

1961年〜
うなぎパイ
［春華堂］

浜名湖のうなぎをモチーフとし、細長くしたパイ生地にガーリックを隠し味に使った秘伝のタレを塗った。その類を見ない組み合わせが特徴。キャッチフレーズ「夜のお菓子」は、夜の家族団らんのひとときをイメージしたもの。写真は1960年代のお土産用。

1965

1961

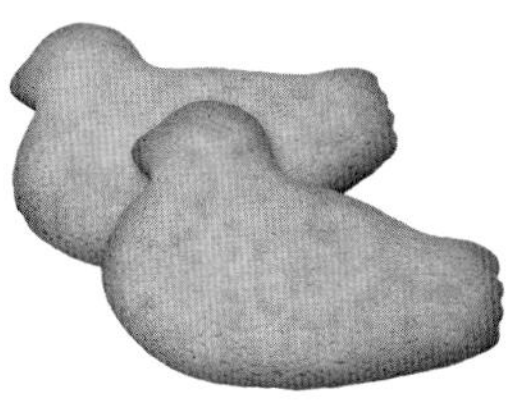

1897年頃〜
鳩サブレー
［豊島屋］

初代店主が外国人からもらったビスケットの味に感動したのが誕生のきっかけ。鎌倉・鶴岡八幡宮の「八」が鳩の向き合わせを思わせ、また境内の鳩が親しまれていたこともあって鳩の形にしたという。写真は箱入り（現行品）。

日本におけるお菓子を語る上では、〝旅のお土産〟もまた重要なファクターだ。全国の名所を訪れ、美しい景色や荘厳な建物に出会い、名物に舌鼓を打ち、普段とは違う体験を満喫した最後のお楽しみは、旅の思いとなるお土産選び。その際、その土地ならではの定番銘菓はマストなアイテムとなる。

古くは江戸時代のお伊勢参りなどまでさかのぼるが、旅行の習慣が一般的になったのは、明治時代以降、鉄道網が発達してから。戦後には特急電車「こだま」の登場、東海道新幹線の開業と続き、人の流れが列島の隅々にまで及ぶ中、沿線各地を象徴する銘菓が次々と生まれた。旅の思い出を呼び起こす味であるだけでなく、その菓子の名前を聞いただけでまだ訪れたことのない土地のイメージが頭に浮かび、いつか訪れてみたい気持ちにさせる、いわば〝食べる観光ガイド〟でもあるのだ。

1976

1976年、モントリオールオリンピック開催、体操男子団体が5連覇。昭和天皇在位50年式典が行われ、記念切手やコインが人気に。ロッキード事件で田中角栄元首相が逮捕。

ポポロン
[明治]

さっくりしたシュー生地の中にチョコレートクリームが入った、ひと口サイズのシュースナック。のちにイチゴ味やブドウ味なども登場。「ポポロンロンロン〜♪」という軽快なCMソングも楽しかった。2015（平成27）年終売。

ミックスゼリー
[金城製菓]

フルーティな香りと豊かな味わい、プニッとした歯ざわりの寒天ゼリー。長年の伝統と技術から作り出されるロングセラーだ。

マザービスケット
[ロッテ]

小麦胚芽を使った軽い口当たりが特徴の、ロッテ初の本格派ビスケット。「おかあさんの味」をキャッチコピーに、イメージキャラクターにはアメリカのテレビドラマ『奥さまは魔女』のサマンサ役の人気女優を起用した。

チョコアンドコーヒービスケット
[ブルボン]

小麦胚芽を練り込んだ香ばしいタルト風ビスケットに、チョコレートクリームとコーヒークリームをトッピング。1箱に各12枚入りなので、2通りの味がたっぷり楽しめる。熱いコーヒーや紅茶と一緒に味わいたい。

〝チョッとオシャレな〟ポテトチップス

ポテルカ
[ブルボン]

アメリカで一般的だった成型タイプのポテトチップスを早い段階で商品化。ポテトのおいしさをしっかり味わえる風味豊かなポテトフレークを使用している。甘い高級菓子が目立つブルボンで、塩味系スナックの一つ。

OKASHI topics
お菓子トピックス

『チップスター』（ヤマザキビスケット）、『ポルテカ』（ブルボン）と、成型タイプのポテトチップスが相次いで国内市場に参入。亀田製菓が米菓の新機軸となる『ハッピーターン』を発売。『マザービスケット』（ロッテ）、『ポポロン』（明治）などがヒット。

1983

1981

せんべいの新境地！

1997

1993

横置きタイプの『ハッピーターン100』など、パッケージは時代ごとに細かく変化。

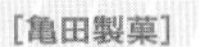

ハッピーターン
［亀田製菓］

石油ショックで景気が落ち込む中、「みんなに幸せ（ハッピー）が戻って（ターン）来るように」との願いから命名。「堅くてしょっぱい」せんべいの常識を一掃すべく、しょうゆ味とも塩味とも違う、甘いお菓子のような味を追求した結果、甘いようなしょっぱいような不思議な味を生み出す“魔法の粉”にたどり着いた。せんべいでは珍しいキャンディ包装にしたのは、粉をこぼさない工夫から。

「ターン王子」のキャラクターグッズなどノベルティ展開にも積極的な『ハッピーターン』。初のノベルティは、テレビCMでも使われた青い空と海とお姉さんが写った下敷きだった。

キャラクターも登場！

2004

2021

1986

1986（昭和61）年、シルクハット姿のキャラが登場。2004（平成16）年登場の「ハピたん」を経て、現在はハッピー王国のターン王子（プリンス・ハッピー・ターン・パウダリッチ）。

1976

1976年、アントニオ猪木対モハメド・アリの異種格闘技戦開催。
ヤマト運輸が宅急便サービスを開始。学校給食に米飯導入。

日本の〝成型ポテトチップス〟の元祖

2023

2000

1992

1992（平成4）年から100%紙製に。「のりしお味」「コンソメ味」などもあるが、ベーシックな「うすしお味」が今も人気ナンバー1。

チップスター
［ヤマザキビスケット］

じゃがいもをそのままスライスして揚げたポテトチップスが主流の中、フレーク状にしたじゃがいも生地に水を加え、均等な形に整えた成型タイプを初めて投入。チップが割れにくく、つまみやすい円筒形のパッケージを採用した結果、新たなスタイルとして人気となった。その名はポテトチップス界の「ナンバー1のスターになるように」との願いから。

1982

クッキー表面のくるくる巻いた線模様が映えるパッケージ。1982（昭和57）年には、ピッコロを吹く子どものイラストが入った。

2004

2023

2014

ピコラ
［ヤマザキビスケット］

くるくるとかわいい、ユニークな形のクレープクッキー。薄く焼いたクッキー生地を筒状にくるくる巻き上げ、内側に風味豊かなチョコレートクリームをコーティング。サクサクした食感と中身のチョコのやわらかい歯ざわりのコラボレーションが楽しめる。名前は横笛楽器のピッコロと形が似ているから。「いちご」などもある。

OKASHI topics
お菓子トピックス

石屋製菓が洋菓子『白い恋人』を発売、北海道土産の新定番と評判に。駄菓子界隈では、『餅太郎』（やおきん）、『セコイヤチョコレート』（フルタ製菓）など、低価格ながら本格お菓子にも見劣りしない商品が登場するようになった。

フエキャンデー

［コリス］

『フエガム』『フエラムネ』と同じ技術を使い、口にくわえて穴に息を吹きかけるとピィーピィーと音が鳴る。遊びながら食べられる楽しいお菓子だったが、現在は終売。

ロッテのガムに和の味が登場！

梅ガム

［ロッテ］

英語のロゴを使ったアメリカンなチューインガムが多かったロッテの商品群の中、大きく筆書きで記された『梅』のインパクトは大きかった。前年発売した『小梅』の影響もあるかも?

餅太郎

［やおきん］

サクサクと軽い食感が心地よい、うす塩味の小粒のあられがころころ入って食べ応え十分。10円玉1つで買える駄菓子の定番。一粒入っているピーナッツもうれしい。

セコイヤチョコレート

［フルタ製菓］

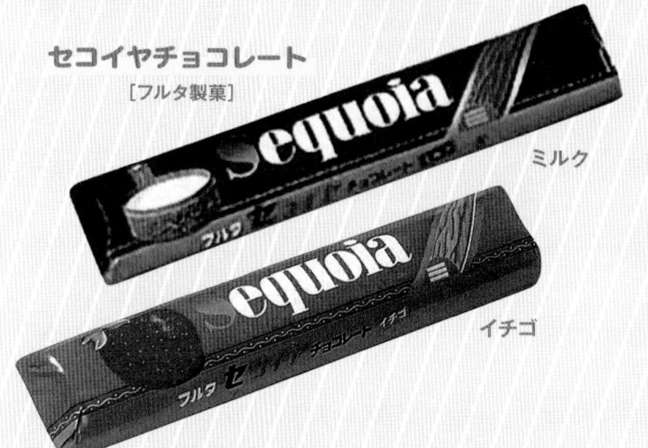

ミルク

イチゴ

世界最大の樹木「Sequoia」にあやかり、チョコを食べて大きく育ってほしいとの願いから命名。ウエハースを包んだチョコの表面には、樹木の幹の模様がついている。ナッツクリームの「ミルク」と「イチゴ」が定番だ。

コーヒー

ホワイト

過去には、「さくら」「バナナ」「抹茶」などバラエティ豊かな味も登場。「コーヒー」「ホワイト」など復刻を望む味も多い。

1977

1977年、漫画『サーキットの狼』がヒット、スーパーカーブームが到来。アニメ映画『宇宙戦艦ヤマト』が大ヒット。青酸コーラ無差別殺人事件が発生。

ユーモア＆ギャグ満載！「どっきりシール」入り

折りたたんだお札や畳に残ったタバコの焦げ跡、画鋲など、どれも生々しい立体感がある。だまされることはないにしても、一瞬ドキッとしてしまう。障子の穴からののぞき見する目など、夜中に絶対に目を合わせたくない。

シリーズ第一弾！

ビックリマンチョコ

［ロッテ］

1980年代に子どもたちの間で一大ブームとなった「悪魔VS天使」シリーズで知られる『ビックリマンチョコ』。だが、新発売時に付いていたのはユーモアたっぷりで刺激的な超リアルなイラストの「どっきりシール」だった。家の中や学校の机などに貼ってイタズラを仕掛け、親や先生から大目玉を食らった子も多かったのでは？

森のどんぐり

［森永製菓］

『小枝』『栗<チョコレート>』などの流れをくんだ森永製菓の自然派アピール系チョコレート菓子の一角。チョコで包んだ中身は、サクサクのクッキーになっている。

カットよっちゃん

［よっちゃん食品工業］

イカと魚肉のすり身をひと口サイズにカットして三杯酢で味付けした。イカだけが原料ではなく、“よっちゃんイカ”はあくまで愛称。「よっちゃん」は創業者の幼少時のあだ名から。

OKASHI topics
お菓子トピックス

世界的人気の棒付きキャンディ『チュッパチャプス』が森永製菓から発売された。エスビー食品が『スナックチップ』を発売しスナック菓子市場に参入。ロッテが『アーモンドクランチ』『小さな喫茶店』を発売。

スナックチップ
[エスビー食品]

スパイスやハーブなどで知られるエスビー食品がスナック菓子事業に参入。その第1弾が『スナックチップ』だ。アイダホ産の選りすぐりのポテトを使い、パリッと仕上げた成型ポテトチップ。あっさりとした塩味はビールにも合いそう。

懐かしCM

全国のテレビ番組やスポットで放送し、おいしさを印象づけた。「ボク、なんだかスナックチップ」のキャッチコピーで登場。

チュッパチャプス
[森永製菓／クラシエフーズ]

店先にドンと飾られた、いかにもアメリカっぽいカラフルなキャンディがいくつも刺さった専用台。右は1977(昭和52)年のもの。

2016

CHUPA Chups チュッパ チャプス キャンデー 30円

世界で大人気のロリポップ！

1958(昭和33)年、アメリカ生まれの棒付きキャンディ。日本ではなじみのない味やカラフルな包装で人気に。『Chupa Chups』のロゴマークの元は、20世紀の巨匠・サルバトール・ダリによるもの。日本では1977(昭和52)年から森永製菓が販売していたが、2016(平成28)年3月から販売権がクラシエフーズに移管。

チョコリエール
[ブルボン]

小麦全粒粉を使って香ばしく焼き上げたビスケットに、マイルドなチョコレートをトッピング。スリムなタルト型のビスケットにチョコを均等に充填するのに苦労したという。

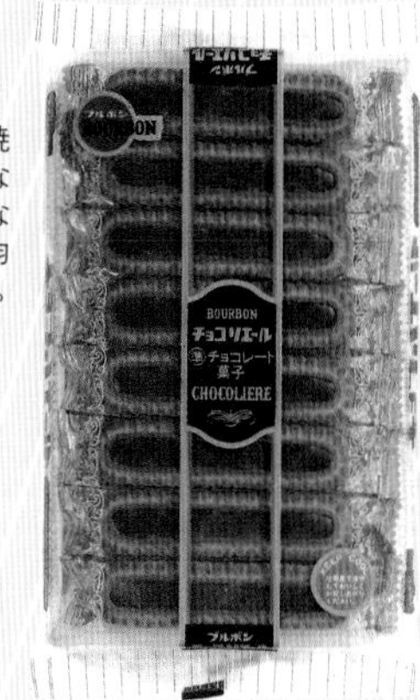

雪の宿
[三幸製菓]

技術的に困難とされたサラダせんべいに蜜がけする方法を、開発担当者が老舗ケーキ店で修行し習得。雪国である、米どころ新潟生まれにふさわしいお菓子として愛されている。

1978年、映画『スターウォーズ』が本国より1年遅れで日本公開。日中平和友好条約調印。宮城県沖地震。成田国際空港が開港。ビデオゲーム『スペースインベーダー』が大流行。

1978

カリッと食感キューブトースト

スナックトースト

[エスビー食品]

『スナックチップ』の姉妹品として登場。カリッと焼き上げたスナックトーストで、ころころっとしたひと口サイズ。味はカレー、バーベキュー、ピザ、のちにバター味とチーズ味も追加。エスビー食品ならではのスパイシーな味わいだった。

ポテロング

[森永製菓]

スティックタイプに成型したじゃがいもをサクサク軽い食感に仕上げた、ノンフライポテトスナックの草分け的存在。軽くて丈夫な紙パッケージなので、中のスナックが割れにくく、遠足の定番お菓子としても人気だ。

味しらべ

[岩塚製菓]

粒の細かいグラニュー糖と粉末しょうゆが舌の上で溶け合う、甘じょっぱくコクのある味わいに仕上げたソフトせんべい。国産米を100%使用。写真は1981（昭和56）年のもの。

チーズビット

[カルビー]

アーモンド型のコーンスナックにチーズパウダーをまぶした。その絶妙なコンビネーションが魅力。塩味の中にチーズケーキのようなほんのりとした甘さがにじむ。現在は春夏限定販売。

とんがりコーン

[ハウス食品]

米ゼネラルミルズ社との技術提携で生まれたコーンスナック。アメリカのスナック菓子『Bugles』を日本人の好みに合うようアレンジしたもの。これまで70種類以上の味を販売してきた。

OKASHI topics
お菓子
トピックス

『とんがりコーン』(ハウス食品)が大ヒット。ほかにも『チーズビット』(カルビー)、『スナックトースト』(エスビー食品)、『ポテロング』(森永製菓)、『ハーベスト』(東ハト)など、新形態のスナック菓子やサクサク系のビスケットが次々に登場した。

ひと回り小さいミニサイズも発売されていた。おやつに最適な4ピース入りで、価格も100円とお手頃だった。

クリスプチョコ

[日清シスコ]

薄焼きコーンフレークをこだわりの"Wブレンドチョコレート"でぎゅっと固めた、円盤型のチョコスナック。まるでケーキのような見た目だが、歯ごたえも十分なザクザクした食感も楽しい。当時の商品名は『クリスプケーキ』。

ケーキ型で発売!

ハーベスト

[東ハト]

サクサク食感が楽しめる薄型タイプのビスケット。薄〜い生地を何層にも重ねてわずか3mmの厚さに焼き上げるという、お菓子職人こだわりの技術が香ばしさの秘密。表面にまぶしたゴマがさらに香ばしさを引き立てる。

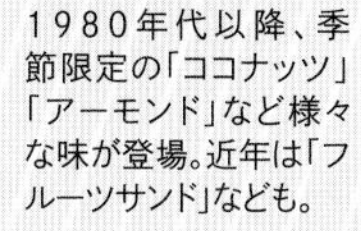

1980年代以降、季節限定の「ココナッツ」「アーモンド」など様々な味が登場。近年は「フルーツサンド」なども。

味のバリエーションも!

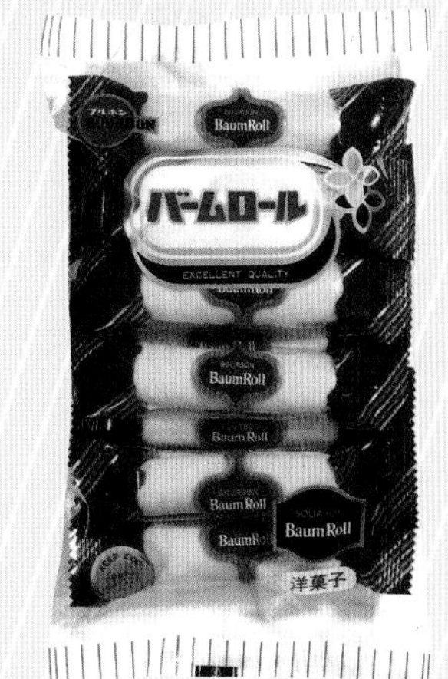

バームロール

[ブルボン]

くるっと巻き上げたロールケーキをまろやかホワイトクリームで包み込んだお菓子。ボリューミーだが、甘さは見た目に比べて控えめ。しっとりとソフトで上品な口当たりだ。

ジャフィ

[ロッテ]

ソフト感のあるビスケットの上にオレンジジャムを乗せ、チョコレートでコーティングした、「半生菓子」の先駆け的なソフトクッキー。写真は1985(昭和60)年のパッケージ。

1978

1978年、キャンディーズが解散。音楽番組『ザ・ベストテン』放送開始。ヤクルトスワローズが初のセ・リーグ優勝&日本一。青木功が世界マッチプレー選手権で初優勝。

プレイガム

［クラシエフーズ］

米大リーグの球団ロゴが入ったフーセンガム。チクルをたっぷり使い、より大きくフーセンが膨らむ、味も形もビッグサイズのガムとして大ヒット。黒いコーラ味も話題になった。

レモンが抜群に効く！

クイッククエンチ-Cガム

［ロッテ］

1枚にレモン1個分のビタミンCを配合し、噛んだ瞬間から口中にすっぱさが広がるパンチの効いたチューインガム。1980（昭和55）年には同じブランドの炭酸スポーツ飲料も登場。

ミニコーラ

［オリオン］

自販機のコーラは子どもには高嶺の花。そんな気持ちにこたえ、本物そっくりのかわいい容器にコーラ味のラムネを入れたら大ヒット！

ホームランガム

［コリス］

「ホームラン」が出たらもう1個もらえる！ 今も子ども向けガムを中心に、ラムネやキャンディを製造・販売するコリスの10円ガム。

ちびっ子に大人気！ ミニシリーズ

『ミニコーラ』のヒットを受け、『ミニサワー』『ミニブルーベリー』『ミニビタC』（ネーミングが秀逸！）など矢継ぎ早にシリーズ化。さすがは“元祖パロディメーカー”“パロディの星”とも評されるオリオンだ！

1983 ミニブルーベリー

1979 ミニサワー

OKASHI topics お菓子トピックス

『プレイガム』(クラシエフーズ)の発売をきっかけに、しっかり丈夫なフーセンが膨らませせられるガムが各社から発売されるように。一方、子ども向けお菓子では『ビッグワンガム』(カバヤ食品)の発売により、玩具が主役のお菓子という新たなスタイルが生まれた。

特徴的な細長い箱とほぼ同じサイズのプラモデルがぎっしりと詰まっている。説明書とシールが付属、満足感が高かった。

ビッグワンガム

［カバヤ食品］

本格的プラモデルが付いたチューインガム。「おまけ」という扱いを完全に凌駕。本塁打世界記録を打ち立てた王選手にちなんだ名前は、まさに玩具菓子の王様だ。軍艦、鉄道模型、戦闘機など中身のプラモもさることながら、パッケージに描かれた戦艦大和のイラストは名匠・小松崎茂が手掛けている。当時の定価100円は、子どものお菓子としてはやや高額だが、プラモデルとしては超エコノミーだった。

緻密でハイクオリティ!

戦艦大和

D-51蒸気機関車

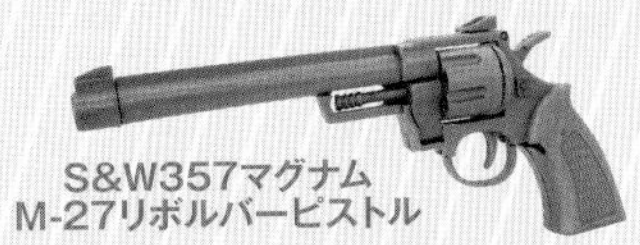

S&W357マグナム M-27リボルバーピストル

戦艦大和、D51型蒸気機関車など、本格スケールプラモに匹敵するクオリティ。実物を忠実に再現したアクションギミックも驚異の一語。初心者への配慮から接着剤不要のはめ込み式になっている。箱の小窓から種類がわかるのもありがたかった。

デラックス版も登場!

爆発的なヒットを受け、さらにグレードアップした『デラックスビッグワンガム』も登場。複数色やメッキ、透明パーツを加え、大型トレーラーやゼロ戦、F-18ホーネットなどマニアックなメカを多数ラインナップした。

1978

ディスコブーム到来。東京・池袋に超高層ビル・サンシャイン60がオープン。サザンオールスターズがメジャーデビュー。西武ライオンズが誕生。

キティランド

［江崎グリコ］

表面にかわいくて愉快な動物のイラストがプリントされた、ひと口サイズのソフトビスケット。赤箱と茶箱の2種類があり、茶箱のみビスケットの裏にミルクチョコをコーティング。写真は1979（昭和54）年のもの。

いちごつみ

［ロッテ］

イチゴの形をしたイチゴとミルクの2層のチョコレート。棒付きなので手を汚さずに食べられる。かわいいシールも付いた女の子の定番チョコ。写真は1983（昭和58）年秋のもの。

楽しみながら英語が学べる!

たべっ子どうぶつ

［ギンビス］

かわいい動物の形をした薄焼きビスケット。表面に動物の名前が英語で書かれているので、食べながら英語の勉強もできる。動物の種類は基本46種（商品によってはコアラも）。形を細かく作り込む一方、馬の脚を細くしないなど、割れない工夫も。ピンク色のパッケージは、発売当初は異彩を放った分、順調に売れるまで時間がかかったという。

懐かしCM

気球に乗った動物たちが「たべっ子の島」発見の旅に出かけるCM。「たべっ子の島を見つけたよ～ママが教えてくれたから～英語だってわかるんだ～♪」のCMソングも楽しい。

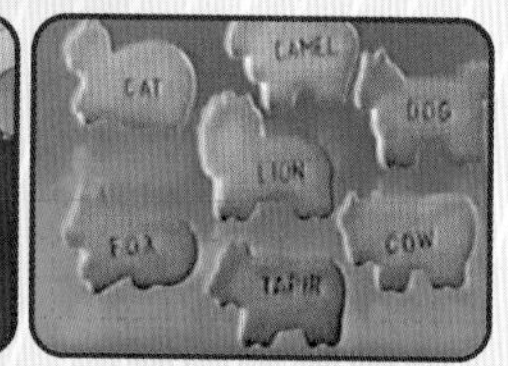

『キティランド』(江崎グリコ)、『たべっ子どうぶつ』(ギンビス)、『さくらんぼの詩』(UHA味覚糖)、『恋のメルヘン』(ロッテ)など、メルヘンチックなイメージをアピールしたお菓子が次々と発売された。

さくらんぼの詩

[UHA味覚糖]

本物のさくらんぼの実のような、コロンと丸いひと口サイズのキャンディ。ヨーグルト風味の甘ずっぱい味で、さくらんぼ果汁の爽やかな香りが口の中に広がる。男の子と女の子のイラストが描かれたファンシーなパッケージデザインで、男女問わず人気となった。2021(令和3)年に惜しまれながら終売となったが、ぜひ復活を期待したい。

ヨーグルト入りで甘ずっぱ〜い

(上)パッケージの世界観を強調した当時の広告。(下)女の子が大きく口を開け、さくらんぼが落ちてくるのを待つCMも印象的だった。

『さくらんぼの詩』シリーズの人気フレーバー

1979(昭和54)年、野いちご風味の『野いちごの小道』。1980(昭和55)年には、シュワッと微発泡する『クリームソーダ』も相次いで登場。パッケージは、『さくらんぼの詩』のお話の続きのようなイメージになっている。

懐かしCM

ソ連がアフガニスタンへ侵攻。初の国公立大学共通一次試験実施。ソニーが携帯カセットプレーヤー「WALKMAN」発売。広島東洋カープが初の日本一、"江夏の21球"が語り草に。

1979

「きのこ」に次ぐ自然系が誕生

パイの実
［ロッテ］

形もかわいいひと口サイズのチョコ入りパイ菓子。こんがり香ばしいサクサクのパイ生地の中には、なめらかでまろやかなチョコレートがたっぷり！ 写真は1983（昭和58）年のもの。

たけのこの里
［明治］

チョコとクッキーを合わせた『たけのこの里』。クッキーを生地にしているのが『きのこの山』との大きな違い。『きのこの山』と並ぶ、明治のファンシーチョコスナックだ。

エリーゼ
［ブルボン］

サクッと軽い歯ざわりの細長いウエハースで、やわらかくまろやかなクリームを包み込んだ。発売当初は、チョコレートとミルクの2種類。その後、期間限定のフレーバーも登場。

マリブのさざ波
［ロッテ］

プレッツェルのような複雑なリング型のチョコレート。濃い茶色を基調としたシックなパッケージがアダルトな印象だ。現在のハートの形をした『ガーナリップル』の原型かも？

ピーナッツチョコレート
［不二家］

シンプルなひと口サイズのナッツチョコ。パーティーなどで重宝するお徳用サイズ。写真は1981（昭和56）年のもの。

OKASHI topics お菓子トピックス

宮城県の菓匠三全が『萩の月』を発売、東北新幹線開通が迫る中、仙台地方の新名物として評判に。明治が『きのこの山』の姉妹品『たけのこの里』を発売。ロッテは『パイの実』を発売するなど、自然派お菓子が幅を広げる。

ドンパッチ

［味の素AGF］

アメリカの『POP ROCKS』を日本向けにアレンジした、はじけるキャンディ。口に入れた瞬間、チリチリ、パチパチする斬新な食感で大ブームに。味はオレンジ、レモン、コーラなど。

1980 ハイレモン

ヨーグレット

［明治］

ビフィズス菌とカルシウム入りの『ヨーグレット』と、ビタミンC入りの『ハイレモン』。どちらも気分転換に最適な健康志向のタブレットだ。現在はアトリオン製菓が販売。

食べやすさにこだわった一品！

5／8チップ

［エスビー食品］

『プリングルズ』など、従来のアメリカンサイズの5/8の大きさ。サイズをそのまま名称にした『5/8チップ』が誕生。女子社員の「ひと口で食べたい」との声が商品化のきっかけとか。

ピッカラ

［ブルボン］

お米が主原料の個性派ライススナック。ほのかに甘いうましお味で、サクサクとして軽やかな独特の食感と、ごま油による香ばしい風味が特徴。衣がけカシューナッツがアクセント。

1979

1979年、アニメ『機動戦士ガンダム』、ドラマ『3年B組金八先生』放送開始。西城秀樹の『ヤングマン』、千昌夫の『北国の春』が大ヒット。

あの国民的駄菓子が誕生!

1980

チーズ味

1980

バーガー味

1980

やさいサラダ味

ソース味

サラミ味

うまい棒

［やおきん］

全長約11cmの棒状のコーンスナック『うまい棒』。今や誰もが知る棒状のスナック菓子の代表的存在だ。新発売当時の味は、「ソース味」「サラミ味」「カレー味」の3種で、パッケージの一部が透明で中身が見えた。2年目には、「チーズ味」「バーガー味」「やさいサラダ味」が登場。その後も新しい味が誕生し、終売した味の復刻もしている。

前身商品はママの味!?

『うまい棒』の前身『うまいうまいバー』。『うまい棒』よりもちょっと太くて短かかったようだ。「ママの味」なので甘かった?

どんどん焼

［やおきん］

『餅太郎』(P83)の兄弟分で、ソースの香りとサクッとした食感があとをひく小粒の揚げ菓子。持ち帰り用のもんじゃ焼きが名前の由来。

ラムネいろいろ

［春日井製菓］

いろいろな味や形のラムネが入った『ラムネいろいろ』。現在は味や形もリニューアルし、親子が五感で楽しめるラムネとして人気だ。

やおきんが10円で買えるコーンスナック『うまい棒』を発売。明治が『ヨーグレット』を発売し、健康志向を意識したタブレット菓子の先駆けとなる。『セボンスター』（カバヤ食品）が発売され、女の子向け玩具菓子として人気に。

~1969
1970~79
1980~88
1989~99
2000~18

青リンゴ餅・さくらんぼ餅

［共親製菓］

フルーツ風味の四角い粒餅型の駄菓子屋お菓子。粒が縦横に整列して並び（現在は12粒入り）、付属の爪楊枝でつついて食べる。

ペロチュー

［江崎グリコ］

ペロペロなめると絵が出てきて、さらになめるとガムになる棒付きの「キャンデーフーセンガム」。写真は1980（昭和55）年のもの。

おしゃれ心が芽生えるかわいさ

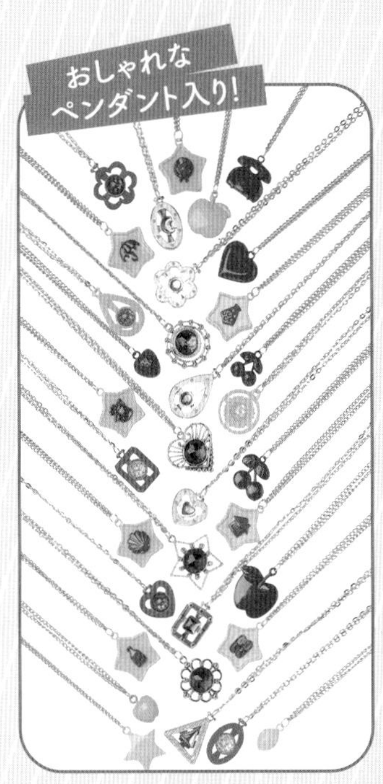

初期のかわいいペンダントアクセサリー。おしゃれに目覚めた女の子には、とても魅力的なラインナップ。今日はどれにしようかな。

1993

六角形のユニークな箱の中には、お菓子とペンダント入り。かわいさとキラキラ感、そしてプリンセスな気分になれる女子向け玩具菓子のロングセラー。ハートやフルーツ、宝石付きなど、ペンダントのデザインはいろいろ。パッケージのデザインは、イラスト、お人形、アニメ調など、その時代の女子たちの興味が反映されている。

セボンスター

［カバヤ食品］

ローカル発の人気者！ ご当地お菓子❷

バニラ、バナナ、オレンジ、イチゴ、サイダーの5つの味があり、原料や製造方法はマシュマロとほとんど一緒だという。

1949頃～佐賀県発

フローレット
[竹下製菓]

昭和初期

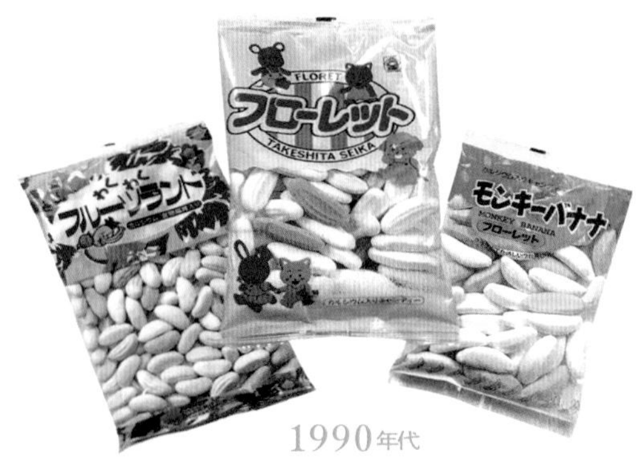

1990年代

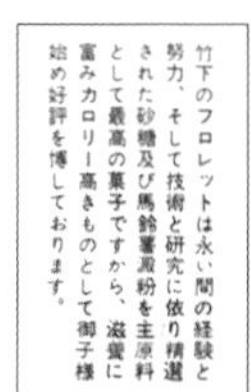
竹下のフロレットは永い間の経験と努力、そして技術と研究に依り精選された砂糖及び馬鈴薯澱粉を主原料として最高の菓子ですから、滋養に富みカロリー高きものとして御子様始め好評を博しております。

1972～73頃

かわいらしい淡い色合いの細長いお菓子『フローレット』。カリカリッとした軽い食感と、懐かしさを感じる素朴な味わいが特徴だ。作るのに手間がかかるため、大量生産をしているのは今や竹下製菓だけ。一部の地域ではお墓や仏壇へのお供え物に用いられるお菓子として知られる。海外のお菓子の一つとして森永製菓が日本で広めたとされる。

なんと製造は明治時代から！

竹下製菓では明治時代から『ミキスト』という名称で製造。1949（昭和24）年頃には現在の商品スタイルに。花びら型をモチーフとしたとも、バナナの形に似せたともいわれる。

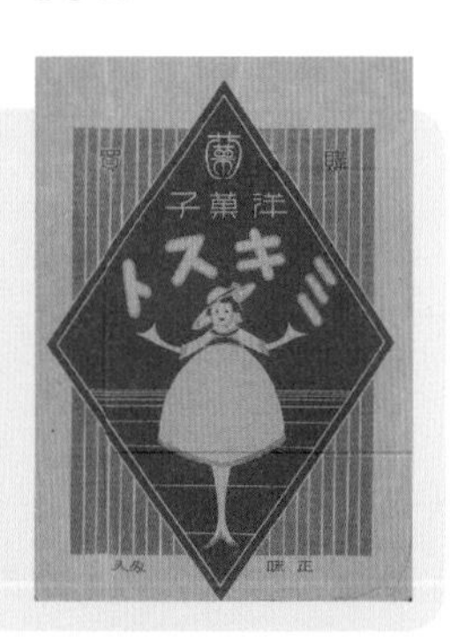

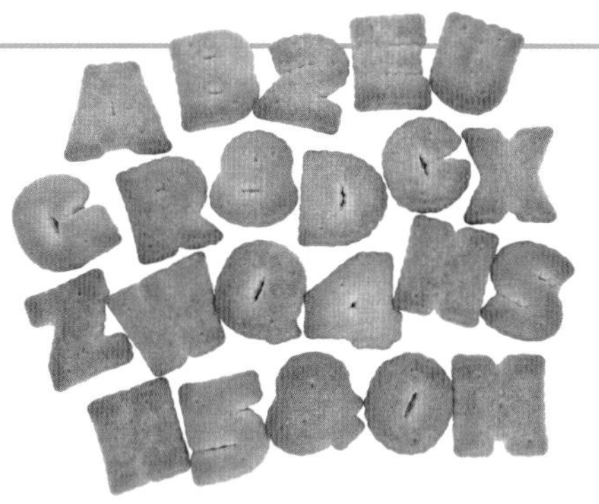

上質な生地を使い焼き上げたソフトな食感のビスケット。ほどよい塩味とサクッとした歯ざわりがどこか懐かしい、昔ながらのおいしさ。発売当時、ビスケットといえば丸や四角といったシンプルな形のものばかりだった。そこで、特徴のある変化に富んだ形をと考案して誕生。道民の親子三世代に親しまれているロングセラーだ。

旧パッケージ

『英字フライ』という商品名で1955(昭和30)年に発売。「アルファベットの形にちなんだ表記にしては」というアイデアが出て、1983(昭和58)年に「A字」に変更。

1955～北海道発

しおA字フライ

[坂栄養食品]

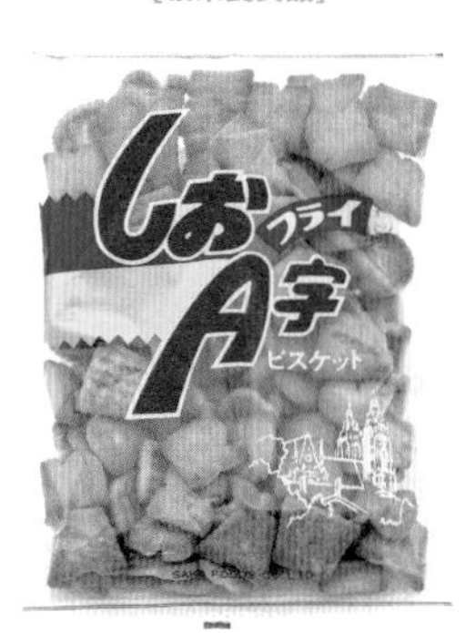

1988

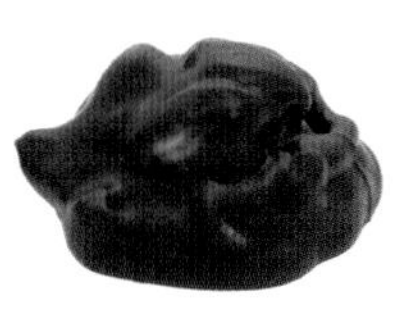

まろやかなチョコレートに香ばしいゴツゴツとしたピーナッツが入った、ブロック形状のチョコ『ピーチョコ』。1961(昭和36)年、当時は高嶺の花だった高価なチョコを「少しでも多くの人へ届けたい」という想いから大一製菓が商品化。試行錯誤の末、チョコに手頃な値段のピーナッツを混ぜ合わせた画期的なお菓子として誕生した。

1961～神奈川県発

ピーチョコ

[大一製菓]

1979

1992

チョコとピーナッツが一緒になったときのおいしさを追求。2022(令和4)年から、パッケージに「SINCE1961」「湘南チョコ工房」のロゴを追加した。

1984

『日本ご当地おやつ大全』(辰巳出版)より抜粋・編集。

1980~'88

OKASHI Chronicle
OUTLINE

石油ショックによる不況を乗り越え、バブル景気へ向かって突き進んでいった1980年代、お菓子の世界は一段と華やかさを増していった。お菓子界のメジャーフィールドにまでのし上がったスナック菓子では、コーンを原料とした『もろこし村』（明治）、『スコーン』（湖池屋）や、さつまいもを使った『おさつどきっ』（UHA味覚糖）など、従来とは異なる素材による目新しい商品が続々と登場し、充実感を増した。

スナック分野では後発だったエスビー食品では、『鈴木くん』『佐藤くん』というユニークなネーミングのスナックを発売し大ヒット。個性的な商品名をアピールするお菓子が多くなってきたのもこの頃からだ。

そんな中にあって、センセーショナルなブームをもたらしたのが、こちらもユニークな商品名の『カラムーチョ』（湖池屋）。辛口スナック自体が比較的珍しかった当時、唐辛子パウダーをふんだんに使った辛口ポテトスナックは、発売当初こそマニアックな存在に過ぎなかった。だが、口コミなどにより好奇心旺盛な若者たちの舌に突き刺さり、お菓子の世界では前代未聞ともいえる、空前の激辛ブームを巻き起こした。

社会的にも大きな話題となったのは、『ビックリマンチョコ』（ロッテ）の大ブームだろう。1977（昭和52）年に発売されたシール付きチョコ菓子だが、1985（昭和60）年から展開した『悪魔VS天使』シリーズが小学生たちの間で爆発的なブームに。出現頻度の低いレアなシールが高値で取引されるなど、2000年代以降に定着するトレーディングカードの走りとなった。「覆面レスラー軍団抗争Wシール」付きの『ラーメンばあ』（クラシエフーズ）など、他社からもユニークなシール付きのお菓子が登場。子ども向けお菓子市場が活性化する原動力となった。

また80年代に、お菓子製造の大きな技術革新となったのが、森永製菓が初めて成功した中空製法だ。ビスケットなどの生地の中身が空洞になるという製法で、『おっとっと』『パックンチョ』は、この製法により誕生。以後、『コアラのマーチ』（ロッテ）など、他社からも中空製法によるスナック菓子が発売された。

さらに、国産初のグミキャンディ『コーラアップ』（明治）や、不思議な変化が楽しい知育菓子の『ねるねるねるね』（クラシエフーズ）など、これまでになかった新食感や新ジャンルのお菓子も登場してきた。

明治
コーラアップ
60円
サクッサクッのまるかじり!
SYLVEINE
霧の浮舟
Vessel in the fog
LOTTE
MILK CHOCOLATE
ごえんがあるよ
チョコレート
五円 5円
ほんのり チーズ味
S&Bスナック
佐藤くん
Glico
GAG MATE
Bubble Soft Gum
100円
おいしさのビッグワン!
ビッグカツ
スペシャルソース味 30円
Big Katsu
森永スナック
おっとっと
Choco Chips COOKIES
チョコチップクッキー
コイケヤ
生じゃが100%のホット・チリ・スナック
カラムーチョ
POTATO SHOESTRING
HOT CHILI
KARAMUCHO
200円
株式会社 湖池屋
キャベツ太郎
サクッとかるくておいしいよ!!
MORINAGA
ビスケット
パックンチョ
チョコクリーム入り
Glico
BEEF CONSOMME
Pappy
LOTTE
コアラのマーチ
チョコレートスナック
ブルボン
チョコあ〜んぱん
チョコの入ったかわいいパン
LOTTE
Blue Berry
BLACK BLACK
LOTTE CHEWING GUM
きどりっこ
ロッテ
ビックリマン
チョコ
なにができるかな?
100円
メロンの味

山口百恵が引退。松田聖子がデビュー。モスクワ五輪開催も日本は西側諸国とともにボイコット。王貞治が現役引退。任天堂『ゲーム&ウォッチ』発売。ロッテ・張本勲が3000本安打達成。

1980

ドーナッチョ

［森永製菓］

コーンフレークをチョコでドーナツ型に固めたサクサク系チョコレート。テレビCMには、まだ「とんねるず」を名乗る前の「タカアキ&ノリタケ」が天使のコスチュームで登場。

霧の浮舟

［ロッテ］

サクッと砕けてふわっと溶けていく、本格的エアインチョコレートのパイオニア的存在。2005（平成17）年、後継の『エアーズ』（終売）に引き継がれるも、その後限定復刻。

ツィンクル

［明治］

キラキラパッケージ！

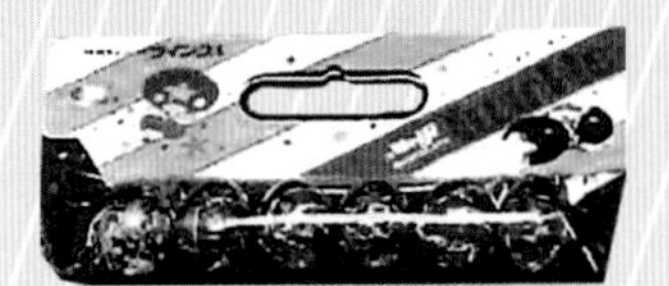

カラフルな銀紙に包まれた、かわいいタマゴ型のチョコレート。キャッチフレーズは、「お星さまのタマゴ」。チョコのセンターには、イチゴクリームやミルク味など5つの味が。1個20円から買える手軽さがグッド！

さくさく小判

［ロッテ］

お米をベースにうす焼きにし、小判型にした甘塩味のサクサク系ライススナック。おじいさんが竹を割ったら、かぐや姫ではなく小判がザックザクというユニークなパッケージ。

味ごのみ

［ブルボン］

しょうゆ味や塩味の米菓、豆菓子、小魚など8種類が一袋に入ったミックス菓子。食べきりサイズの小袋6パック入り。おやつやお酒にもマッチするおつまみ系お菓子の定番だ。

OKASHI topics
お菓子トピックス

第1回ホワイトデー開催。『セシルチョコレート』(江崎グリコ)のCMで話題になった山口百恵、三浦友和のゴールデンコンビが結婚。入れ替わるように、この年デビューの松田聖子と田原俊彦のコンビが同CMへ出演。明治が国産初のグミ『コーラアップ』を発売。

どうぶつっ子のゆめ
[ブルボン]

スポーツ選手やお花屋さんなど、子どもがなりたい職業に扮したかわいい「どうぶつっ子」のイラストがプリントされたビスケット。子どもの健康のためにカルシウムを配合。2020(令和2)年に終売。

コーラアップ
[明治]

欧州で人気だったグミを明治が初めて国産化。コーラ味という商品特性と、食べるときに「トレーから親指でグッと押し出す」楽しさやアクションを表現して「コーラアップ」に。

1980

1981

ギャグメイト
[江崎グリコ]

組み立て式おもちゃが付いた青りんご味のフーセンガム。おもちゃは、「うらないギャグ文具」「ユーモア文具」「怪学校」など、文房具系や学校に関連するパロディアイテムが中心。学校に持って行って、クラスメイト同士で自慢したり、驚かせたりしたい子どもたちの心理をうまく突いて、1980年代の小学生の間でブームとなった。

おもしろ、炸裂！

ユーモア&ギャグ満載のおまけ！

ビッグなマッチの棒の部分は鉛筆、赤いマッチの頭が消しゴムなど、笑いの中にひとひねり加えたアイデアが見事。「妖怪学校」シリーズは、水木しげる監修で『ゲゲゲの鬼太郎』などユーモラスなミニまんがも付いていた。

英チャールズ皇太子とダイアナ妃が結婚。黒柳徹子『窓ぎわのトットちゃん』がミリオンセラーに。ピンク・レディーが解散。神戸でポートアイランド博覧会(ポートピア'81)開催。

～1981

君もパズルくんと挑戦しない？

パズルくんガム

［カバヤ食品］

豪華な立体パズルが付いたチューインガム。『ビッグワンガム』(P89)のように、ランナーに付いたパーツを切り離して組み立てる。パズルの難易度が非常に高く、途中で挫折してしまう子も続出したとか。カバヤ食品の玩具菓子にかける本気度には頭が下がる思いだ。

1980

懐かしCM

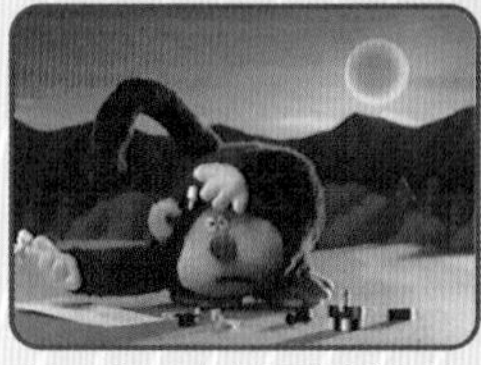

かわいらしいおさるの「パズルくん」が、パズルを前に悪戦苦闘するテレビCM。声の主は漫才師の西川のりお。

1981

本格派クッキーがここに！

チョコチップクッキー

［イトウ製菓］

バタークッキー

［イトウ製菓］

『チョコチップクッキー』は独自配合のスパイスを使用し、香り高い生地にチョコチップを15%含有。リッチな味わいが魅力。同時発売の『バタークッキー』は、バター本来のコクと香ばしさにこだわったサクサクとした食感があとをひく。翌年加わった『バターサブレクッキー』とともに「ミスターイトウ」ブランドの中核を担う。

1982

バターサブレクッキー

［イトウ製菓］

懐かしCM

「当店ではミスターイトウのバタークッキーは置いてま…」で遮る電車の音。ほかにもユニークなCMが多かった。

OKASHI topics
お菓子トピックス

1980年、2月28日を「ビスケットの日」に制定。1855年のこの日、長崎でパンの製法を学んだ水戸藩士・柴田方庵が同藩に「パン・ビスコイト製法書」をもたらした故事にちなむ。1981年、『チョコチップクッキー』（イトウ製菓）のCMが話題に。

もろこし村
［明治］

全粒コーンの風味とスパイスをピリッと効かせたタコス味のコーンスナック。「もろこし禁止ですよ」「隠れもろこしだな！」など、コメディアンの東八郎を起用した爆笑CMも話題に。

おさつスナック
［カルビー］

『おさつクッキー』（P72）を見直し、『チーズビット』（P86）の形状をヒントにさつまいもの葉を模した薄い栗のような形に変更。健康志向などを強調し、秋冬の定番商品となった。

くるみの森
［森永製菓］

『小枝』から始まった森永製菓の自然派チョコレート菓子シリーズ第5弾。チョコをコーティングしたくるみの殻を模した丸いスナック。その中身は、胚芽入りのクッキー。

キャベツ太郎
［やおきん］

キャベツのような丸い形のひと口サイズのスナック。キャベツは入ってないが、形が芽キャベツに似ていることからその名が付いたという説も。看板キャラは、カエルのおまわりさん。

よいこのまちガム
［カバヤ食品］

厚紙製の組み立てハウス付きのガム。紙を組み立てたり穴に差し込んだりして、「やおや」「さかなや」「パンや」「パーマや」など、お店を組み立てる楽しい玩具菓子。パッケージ右上の丸窓からお店の種類がわかる。

東北・上越新幹線が開業。日航機羽田沖墜落。ホテルニュージャパン火災。小泉今日子、中森明菜ら「花の82年組」の人気アイドルが次々デビュー。『笑っていいとも!』放送開始。

1982

シルベーヌ

［ブルボン］

洋酒の効いたクリームをサンドしたケーキに、チョコレートをぜいたくにコーティングしたリッチな洋菓子。高級感あふれる外観と、しっとりしたソフトな食感は、まさに大人な味わい。ケーキの上には一粒のレーズンチョコ。

ふるさと絵日記

［ロッテ］

丸いナスの形をしたひと口サイズのチョコレート菓子。各社個性を競っていた、自然を題材にしたファンシーチョコスナックの一つで、中はサクサクのスナック。パッケージは、ほのぼのとした文面付きの絵日記風になっている。

ボンソワール

［森永製菓］

高級感の漂う、やわらかな口当たりのチョコレートケーキ。価格も300円と当時としては高めの設定で、来客時など特別なときにだけ食べられるイメージだった。半生タイプのケーキだが、日持ちがよいのも売りだった。

カラフルなしましまが目印！

しましまクッキー

［明治］

かわいい動物の形のクッキーで、名前の通りチョコレートとバニラ味がしましま模様になっている。しましま模様の動物が描かれたキューブ型パッケージもかわいらしい。あまり例のない2色お菓子で、復刻を望む声も多い。

OKASHI topics
お菓子トピックス

森永製菓がビスケット生地に空洞を作る新製法によるスナック『おっとっと』を発売し大ヒット。『ビッグカツ』(スグル食品)、『もろこし輪太郎』(やおきん)、『ヤッター! めん』(ジャック製菓)など駄菓子界のニュージェネレーションが相次ぎデビュー。

ビッグカツ

[スグル食品]

魚肉のすり身をベースとしたシートと、ソースを混ぜ込んだ衣で作ったカツフライ。個包装のタイプになったのが1982(昭和57)年。元々の初期の串カツ(1本10円)は1978(昭和53)年に発売。写真は1990(平成2)年のもの。

仲間も登場!

チキンバンバン

1985

『ビッグカツ』の源流でもあるやわらかいカレー味の『おやつカツ』。チキンスパイスを使った『チキンバンバン』のパッケージには、どこかで見たような白ひげのおじさん!?

おやつカツ

もろこし輪太郎

[やおきん]

『キャベツ太郎』(P103)に続く、やおきんの太郎シリーズ第2弾。ピリッとガーリックを効かせた、輪っか型のコーンスナック。

当たりが出たら「ヤッター!」

ヤッター! めん

[ジャック製菓]

関西方面では大定番のラーメンタイプの駄菓子。パッケージのフタは金券当たりくじになっていて、当時の当たりは10円、20円、50円、100円の4段階だった。パッケージのイラストはマンガ家志望だった社長自ら描いている。

こつぶっこ

[亀田製菓]

はちみつのやさしい甘さがあとをひく、ひと口サイズの小さな揚げあられ。食べきりサイズの小袋4パック入りなので、おやつに最適。

~1983

1983年、東京ディズニーランド開業。日本海中部地震発生。任天堂『ファミリーコンピュータ』発売。大韓航空機撃墜事件。YMO が“散開”。テクノカットが流行。

1982

おっとっと
［森永製菓］

焼くと膨らんで中が空洞になる新素材を使い、シーフード風味のスナックとして開発。魚介類の形をしたミニスナック菓子として人気に。イカ、カニ、タコなど、様々な魚介類に混じって、まれに潜水艦なども入っている。

白い風船 ホワイトクリーム
［亀田製菓］

甘くなめらかなクリームを真っ白なソフトせんべいでサンド。サクサクとした軽い食感と口どけのよさが特徴で、幼い子どもでも食べられるやさしいおせんべい。翌年の1983（昭和58）年には、チョコクリームを発売。

ブルーベリーガム
［ロッテ］

日本でブルーベリーが知られ始めた頃、時流を先取りして新たな味のガムとして発売。本物のブルーベリーにはほとんど香りがないが、甘ずっぱく爽やかな味で人気となった。

1983

グリンコ学園
［江崎グリコ］

おもちゃ付きのライスチョコレート。磁石仕掛けで回転する「お仕置きマシーン」や「鉄棒マシーン」など、科学実験を遊びに取り入れたような知育系おもちゃが中心だった。

パピー
［江崎グリコ］

おもちゃが付いた、ハート型のビーフコンソメ味のコーンパフ。男の子向けには人形から走行タイプなどに変形する「へんしんロボットパピーくん」、女の子向けには服や髪型が付け替えられる「パピーちゃん」などが入っていた。

OKASHI topics お菓子トピックス

森永製菓が『おっとっと』に続き、新製法を使ったチョコスナック『パックンチョ』を発売。ディズニーキャラの精巧なプリントで人気に。ほかにも、『チョコパイ』(ロッテ)、『パピー』(江崎グリコ)など新食感を求めたお菓子が競うように発売された。

© Disney

味も絵柄も楽しめる!

パックンチョ

[森永製菓]

『おっとっと』で採用した焼くと空洞化する素材を子どもビスケットに応用し、中にクリームを注入した丸型のハードビスケット。表面のディズニーキャラクターの絵柄をきれいに仕上げる繊細な技術は、世界特許を取得。

チョコパイ

[ロッテ]

「生洋菓子にも負けない味」をコンセプトに、独自原料を配合したケーキ生地を長さ50m超の巨大なオーブンで焼き上げ、「しっとりさ」と「日持ち」を両立。ふわっとした食感で、半生ケーキという新ジャンル開拓に寄与した。

フラボノ

[ロッテ]

『フラボノ』も"目的ガム"として、「息スッキリ」をコンセプトに発売。『グリーンガム』でも使われている葉緑素クロロフィルと緑茶の成分であるフラボノイドを多重配合した。

ブラックブラック

[ロッテ]

従来のガムに新たな機能を加えた"目的ガム"の一つとして、「ドライブ中の眠気スッキリガム」というコンセプトで開発。強力なミントによる強い刺激は、徹夜仕事などの心強い味方だ。

キャンディインガム 青りんご

[ロッテ]

1975(昭和50)年、前身となる『青りんごキャンディインガム』を発売。その後、1983(昭和58)年に『キャンディインガム』として青りんご、梅、れもんの3種で味を展開した。

1984

ロサンゼルス五輪開催。アルマン『禁煙パイポ』が発売され、「私はコレで会社をやめました」が流行語に。シンボリルドルフが無敗の3冠馬に。アップルが初代Macを発表。

きこりの切株

［ブルボン］

ビスケットを年輪に、チョコを樹皮に見立てた、切株の形をしたチョコスナック。自然を題材にしたファンシーチョコスナックのロングセラーだ。

かわいいコアラがいっぱい！

コアラのマーチ

［ロッテ］

コアラ初来日の話題を逃さず、コアラ来日の約半年前に、空洞型ビスケットにチョコレートを入れる技術を取り入れ、チョコレートスナックとして商品化。12種類のコアラの絵柄からスタートし、今や356種類（2023年時点）。

ごえんがあるよ

［チロルチョコ］

5円硬貨の形をしたミルクチョコ。実際の5円玉よりサイズは大きい、5円玉1枚で買えるチョコだったが、現在は100円パックなどで販売。キャラクターは、通称「ごえん君」。

かわりんぼ

［ロッテ］

キャンディ、ラムネ、ガムの3つのお菓子が1本に！2つの味の半透明のキャンディの中にイラスト入りのラムネをサンドし、棒の部分はガム。写真は1990（平成2）年のもの。

きどりっこ

［ブルボン］

動物が描かれたキューブ型パッケージのクッキー。バニラベースの動物の形のクッキーの上に、ピンクや緑のクッキーを立体的に組み合わせて動物の形を表現。惜しまれつつ2020（令和2）年に終売。

OKASHI topics
お菓子トピックス

グリコ・森永事件で犯人グループは「かい人21面相」を名乗り、江崎グリコのほか森永製菓、ハウス食品など、食品メーカーを次々に脅迫。ターゲット企業のお菓子は店頭から消え、本社や工場前などで社員自ら手渡しで販売する会社もあった。

個性豊かなキャラスナック！

鈴木くん 佐藤くん
[エスビー食品]

当時の日本人の名字ランキング第1位と第2位の「鈴木」と「佐藤」を冠したサクサクとした軽い口当たりのスナック。選挙ポスター風のパッケージデザインも秀逸だ。真面目そうな『鈴木くん』はちょっぴり塩味、ちょっとやんちゃそうな『佐藤くん』はほんのりチーズ味。想定以上の大ヒットで品切れ店も続出した。味も名前負けしなかったのも一因ではないだろうか。

新しい仲間ができました。

名字ランキング第3位の『田中くん』(すいせんコンソメ味)と第4位の『山本さん』(おしゃれなサラダ味)も登場。

アニメ映画『風の谷のナウシカ』『超時空要塞マクロス 愛・おぼえていますか』などが公開。ソニー初代『CD ウォークマン』発売。システム手帳が流行。

1984

チーズおかき

［ブルボン］

香ばしく焼き上げたしょうゆ味のおかきに、まろやかで濃厚なチーズクリームをサンドした。味の絶妙さとリング型のおかきによりクリームが見えることで大ヒット。

グリーンスナック

［カルビー］

大根の葉、かぼちゃなどの緑黄色野菜を使用したスナック。その後、トマトやモロヘイヤを追加し、形状も木の葉型からハート型に。2003（平成15）年、『ベジたべる』に改名した。

カントリーマアム バニラ

［不二家］

1970～80年代にアメリカで人気となっていた「焼きたてクッキー」を元に、外はサックリ、中はしっとりとした、これまでになかった食感を試行錯誤の末に実現。クッキーの中には、豊かな風味が味わえる特製チョコチップ入り。

二層生地のこだわり！

カントリーマアム ココア

［不二家］

花のくちづけ

［春日井製菓］

まろやかなミルクスモモ味のキャンディで、個包装には全366日分の誕生花と花言葉入り。キャンディでは初めて個包装を導入した。

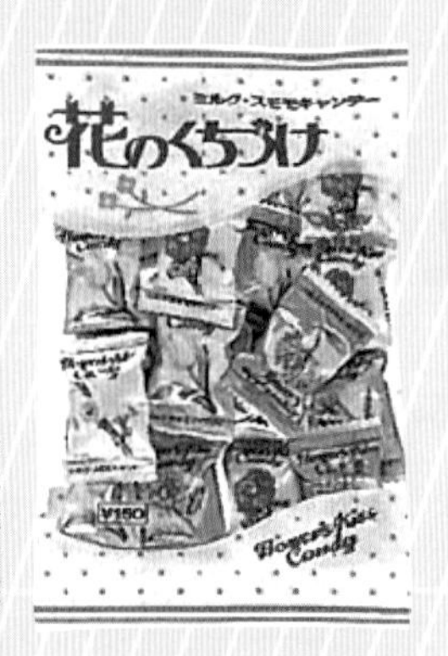

ミルクの国

［春日井製菓］

北海道産の練乳・生クリームを使った、ミルクの自然なコクと濃厚さを味わえるキャンディ。個包装にはほのぼのとした酪農牧場が。

OKASHI topics
お菓子トピックス

『カラムーチョ』（湖池屋）の発売がきっかけで、食品業界に激辛ブームが到来。『カントリーマアム』（不二家）は、半生仕立てのクッキーの先駆けとなった。『コアラのマーチ』（ロッテ）に、「幻のまゆげコアラ」があるとの噂が口コミで広まり話題に。

スナック菓子界に激辛ブーム到来！

カラムーチョ
［湖池屋］

辛いスナック菓子の常識を強烈パンチでぶち壊した辛味ポテトスナックの革命児。辛い食べもの自体が一般的でなかったため、発売当時はマニアック扱いだったそう。だが、拡大路線を見せていたコンビニエンスストアを販路に、空前の大ヒットを記録。スナック界にとどまらず、カレーやラーメンなど、日本の食品業界を巻き込んだ激辛ブームの火付け役となった。初代パッケージには、おばあちゃんの姿はない。

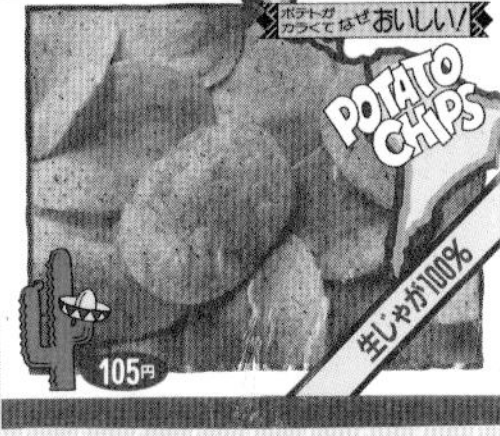

1986

おばあちゃんたちがグッズやパッケージに！

「ポテトが辛くてなぜおいしい！」のキャッチコピーで一世を風靡した1986（昭和61）年のテレビCMが「ヒーおばあちゃん（森田トミ）」のデビュー。その母親で「ヒーヒー」と2回叫ぶのが「ヒーヒーおばあちゃん（森田フミ）」。

1990

懐かしCM

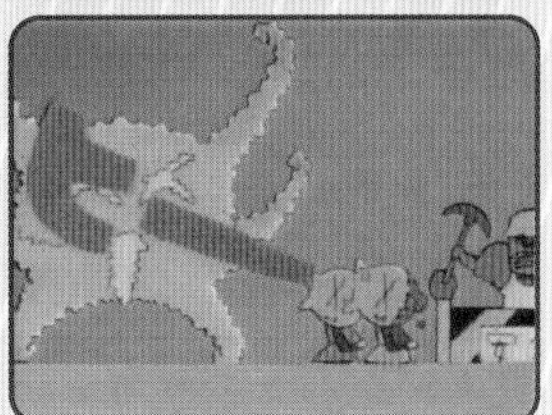

プラザ合意を機に円高が加速。日航ジャンボ機墜落事故。つくば科学万博開催される。日本電電公社と日本専売公社が民営化しNTTとJTが誕生。阪神タイガースが日本一に。

1985

ついつい押したくなる印鑑型!

子どもたちに大人気となり、発売時のハンコ108種類に、新たに108種類を追加。なんと全部で216種類になった!

ハンコください!!

［クラシエフーズ］

「小林」「中村」など、名前が刻印されたスナックチョコ。名字だけでなく、「タカシ」「アキコ」など下の名前もあり、自分の名前を見つける楽しみも。印鑑を模しているが、本物の印鑑のように文字は反転していない。

アーモンドチョコレート

［不二家］

アーモンドをマイルドなミルクチョコレートで包んだ、お得なファミリータイプの『アーモンドチョコレート』。

エブリバーガー

［ブルボン］

ミルクチョコレートをサクサクのビスケットでサンドしたかわいらしいバーガー。バンズのビスケットには白ごまをトッピングし、ちっちゃくてリアルな形とおいしさで人気に。

いも作くん

［明治］

（上）さつまいも風味の丸いクッキーにチョコレートをコーティングした『いも作くん』。イガグリ頭の男の子が目印。2005（平成17）年に復刻版が発売された。（右）ふわっと軽いコーンスナックにコーンポタージュのコクのある味を加えたお菓子。写真は現行品。

コーンポタージュ

［リスカ］

おやちゃい

［明治］

『おっとっと』（P106）などと同じく、空洞タイプのお菓子の一つ。じゃがいも、にんじん、ナスなどの野菜の形をしたスナック。

OKASHI topics
お菓子トピックス

ロッテがチョコレートのなめらかさと口どけのよさを向上させるカカオグラインディング製法（C・G・M）を開発。『ビックリマンチョコ』（ロッテ）が「悪魔 VS 天使」シリーズを開始。子どもたちの間でシール集めが人気となり、やがてブームを超えた社会現象に。

のど飴

［ロッテ］

日本のカリンを抽出した国産のカリンエキスに、13種類の厳選したハーブから抽出した味わいあるハーブエキスをブレンド。

素材“そのままのおいしさ”で

塩・バター味　　プレーン味

素材本来のおいしさを追求し、食物繊維を多く含むさつまいもをまるごと使用。スライスしてカラッと揚げた、ザクッと食感のスナック。パッケージいっぱいに描かれた「ど」の字は、時代を先取りしたデザインだ。

おさつどきっ

［UHA味覚糖］

フルーツの森

［共親製菓］

共親製菓の主力お菓子である『さくらんぼ餅』（P95）などのフルーツ風味の餅飴をミックスしたカラフルなお菓子パック『フルーツの森』。名古屋など中京地区ではおなじみの品だ。

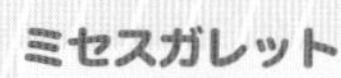

ミセスガレット

［不二家］

ソフトケーキをクッキーで包んだ、本格的な焼き菓子をイメージした素朴なケーキクッキー。味は、「バター」と「ミックスフルーツ」の2種。

バター　　ミックスフルーツ

チーズアーモンド

［三幸製菓］

ひと口タイプのライスクラッカーにチーズとアーモンドをトッピングした、和洋折衷のオードブルのようなお菓子。カリフォルニア産アーモンドとクリーミータイプのチーズを使用。3つの絶妙な組み合わせがクセになる。

時代の先を行く斬新でおしゃれな「NEW米菓」として新発売。3つの味のキャラも登場。

1986年、ソ連(ウクライナ)・チェルノブイリ原子力発電所事故発生。男女雇用機会均等法が施行。チャールズ英皇太子とダイアナ妃が来日。

~1986

大人気シリーズが登場!

ビックリマンチョコ 悪魔VS天使

[ロッテ]

1980年代の小学生にとってはシール付きお菓子の代名詞的存在。透明な「お守り」、キラキラ光る「天使」などシールの人気も高く、社会現象を引き起こした。

1985

コーラ　　ストロベリー

わたガム

[明治]

ふわ〜っとつまめる綿菓子のようだが、食べるとフーセンガムになるという不思議な『わたガム』。新発売時はシュワッとした爽やかな「コーラ」と、「ストロベリー」の2種。

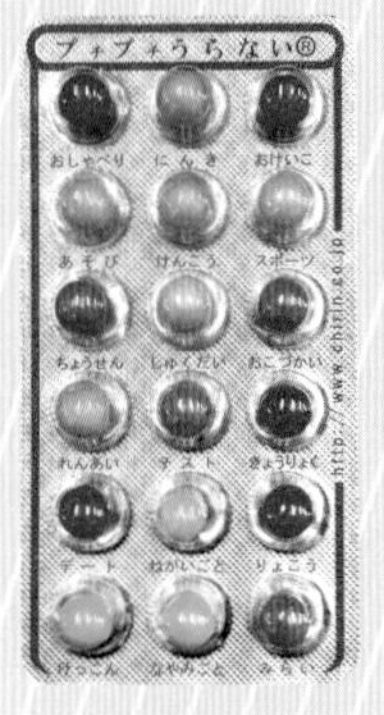

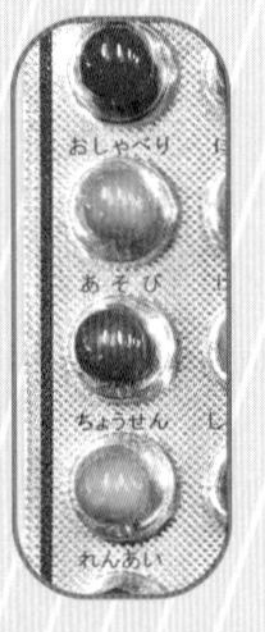

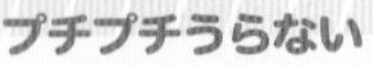

プチプチうらない

[チーリン製菓]

カラフルな糖衣チョコ18粒に18種類の占いが付いた、楽しみながら食べられるロングセラーのチョコ菓子。「あそび」などと書かれたチョコを取り出すと、銀紙のシートに「◎(よい)」「×(悪い)」など占いの結果が出る。

いちごミルクあじ　ラムネ
2002　2007

どんぐりガム

[パイン]

キャンディの中にフーセンガムが入っているので、一粒で2つのお菓子が楽しめる。さらにくじ付きで、当たるともう1個もらえるという3つ目のお楽しみも。パインなどのフルーツ系、サイダー、コーラなど味もいろいろ。

特製のかわいい「どんぐり腕時計」が毎月1000名に当たるキャンペーンも実施。100円分一口から応募できた。

『わたガム』（明治）、『ねるねるねるね』（クラシエフーズ）など、子ども向けユニークお菓子が登場。『どでかばーチョコ』（フルタ製菓）、『スーパー BIG チョコ』（リスカ）と超ロング系チョコ菓子が相次いで発売。1986年のバレンタイン商戦は400億円市場に。

~1969
1970~79
1980~88
1989~99
2000~18

ねって楽しい知育菓子！

1986

ねるねるねるね

［クラシエフーズ］

白い粉に水を入れるとブルーに変わり、さらにもう1つ別の粉を入れるとピンク色に。それにカラフルシュガーを付けると不思議なキャンディに変身！ テレビCMでは魔法使いのおばあさんが登場するなど、怪しさ満点の演出に子どもたちはあっという間にとりこに。「ねると色が変わるふしぎなお菓子」として大ヒットした。

どでかばーチョコ

［フルタ製菓］

長大コーンパフにピーナッツ入りチョコレートをコーティング。ピーナッツとチョコの絶妙な組み合わせで食べ応えも十分だ。

やみつきになる甘辛さ

スーパーBIGチョコ

［リスカ］

BIGなコーンスナックに、チョコレートをたっぷりかけたチョコスナック。ボリューム満点だが食べ飽きない。写真は現行品のもの。

甘いか太郎

［やおきん］

魚肉のすり身をシート状にした珍味系の駄菓子。裏面には「お父さんにすすめてみてくださいネ。きっと喜ばれますヨ」などの文言も。

コーラガム

［丸川製菓］

はじけるおいしさのコーラ味のフーセンガム。1個10円で、当たりが出たらもう1個もらえる。包み紙裏のあみだくじなども楽しい。

1986

アニメ『ドラゴンボール』放送開始。『写ルンです』発売。写真雑誌の『フォーカス』（新潮社）、『フラッシュ』（光文社）が創刊。ファミコンゲーム『ドラゴンクエスト』発売。

あ〜んとめしあがれ！

カスタードケーキ
［ロッテ］

ふわふわのケーキにホイップカスタードクリームとカスタードソースを合わせたソフトケーキ。ケーキのしっとりやわらかい食感と、卵のコクが感じられるクリームとのバランスが絶妙。近年は甘さ控えめにリニューアル。

チョコあ〜んぱん
［ブルボン］

小さくてかわいいひと口サイズのパンに、ソフトなチョコレートが入ったチョコスナック。本物のパンのようにイースト菌を発酵させて世界最小（自称）のパンに。商品名は口を大きく「あ〜ん」と開けて食べるイメージから。

クレマ
［森永製菓］

クッキー生地の真ん中にクリームのような素材を入れ焼き上げた。この時代にはなかった新しいタイプのクッキーとして話題に。

スプーナ
［森永製菓］

ふんわりとして口の中でシュワーッと溶ける新食感のエアインチョコ。名前はスポンジを意味するイタリア語「スプーニャ」から。

ぽたぽた焼
［亀田製菓］

特製の濃厚な砂糖じょうゆをたっぷり塗った、やさしい味わい。サクサクしながらも食べ応えのある食感。

まがりせんべい
［亀田製菓］

あえてまがった形に焼き上げた、パリッとした食感のせんべい。うま味の効いたしょうゆの香ばしい風味がたまらない。

エスニカン
［カルビー］

エキゾチックな辛さが大ブームだった時期に登場し大人気に。数種類のスパイスによる、ほどよい辛さがクセになるおいしさだった。

OKASHI topics
お菓子
トピックス

激辛ブームの次は激スッパとばかりに、ノーベル製菓が発売したキャンディ『スーパーレモン』が衝撃を呼ぶ。米菓では『まがりせんべい』『ぽたぽた焼』（ともに亀田製菓）のほか、星形の『星たべよ』（栗山米菓）もこの年発売。

ノータイム
［ロッテ］

「ガムは歯に悪い」という、それまでの常識を覆す「歯みがきガム」のキャッチコピーで登場。爽やかなミントの香りで、食事の後に噛むと歯磨きをしたような爽快感が得られる。

キュービィロップ
［ブルボン］

1つの個包装の中に、小さくてかわいいキューブ状のカラフルなキャンディが2粒入ったアソートキャンディ。グレープ、オレンジ、パイン、マスカット、アップルなどのフルーツ味。

スーパーレモン
［ノーベル製菓］

常識破りにもほどがある！ 超すっぱいレモン味のキャンディと発売早々話題に。眠気覚まし専用キャンディとして開発され、二層構造で異なるレモン風味の変化を楽しめた。アメコミライクなパッケージを目にしただけで、反射的に唾液が湧いてきそうだ。現在は甘めになった後、再びすっぱくなる3段構造にバージョンアップ。

黄色い閃光!?
タブレットも!

タブレットも登場。黒地に黄色の警戒カラーの広告は、強烈でデンジャラスなレモンのすっぱさをアピール。現在は終売。

1987

国鉄分割民営化でJR誕生。石原裕次郎死去。ブラックマンデー。俵万智の歌集『サラダ記念日』がベストセラーに。NTT株が上場し財テクブーム到来。

〝モーたまらぬうまさ〞の組み合わせ！

グリルビーフ

［カルビー］

グルメブームが盛り上がる中、グルメの味を極めたワイルドなポテトチップスとして発売。濃厚かつジューシーなビーフ感、牛肉のコクと風味を最大限に引き出し、お酒のつまみにマッチすると大人気に。1993（平成5）年終売も、2018（平成30）年に限定復刻された。

わさビーフ

［山芳製菓］

ツンとくるワサビの風味と濃厚なビーフのうま味がクセになる、オリジナルな味わいのポテトチップス。初代パッケージに登場したタレ目がキュートなキャラクター「わしゃビーフ」は、当初は4足歩行だった。

『わさビーフ』のパッケージ＆キャラ変遷

1991

1995

1996

1998

1999

2020

2022

パッケージやキャラの様子は、時代とともに細かく変化してきた。1996（平成8）年ではパッケージを大幅にイメチェン。「わしゃビーフ」も年々、前面に登場したり、ねころんだりと様々な登場の仕方だ。2015（平成27）年に「わさっち」に改名し、2020（令和2）年から新キャラクター「わさぎゅ〜」に。

OKASHI topics お菓子トピックス

山芳製菓が『わさビーフ』を発売、ポテトチップス業界の変化球的勢力に。バブル景気に突入し『グリルビーフ』（カルビー）などグルメブームの影響を受けたスナック菓子が登場。明治が自然派チョコレート菓子の第３弾として『すぎのこ村』を発売。

キスミントガム

［江崎グリコ］

バブル景気のさなか、「朝シャン」など若者のエチケット志向が強まる流れを受け、20代をターゲットに開発。口臭ケア作用を強めた「気分さわやか、リフレッシュ用ガム」として発売された。Kis-My-Ft2などをCMに起用し人気を博したが、2018（平成30）年に生産終了となった。

ドリトス

［ジャパンフリトレー］

世界最大級のスナックメーカー・フリトレーが1960年代にアメリカで発売したトルティーヤチップス。日本での発売当初は苦戦したが、味の改良などを経て、今ではスナック菓子の定番に。写真は1989（平成1）年のもの。

こだわりの油とサクッと食感！

2000

1987

2009

ポテトフライ

［東豊製菓］

1980（昭和55）年、「カレー味」と「たこやき味」で販売開始した『ポテトフライ』に、「フライドチキン味」が誕生。その後、いろいろな味も仲間入り。「フライドチキン味」の写真は、1992（平成4）年リニューアルのもの。

すぎのこ村

［明治］

スティック型ビスケットにクラッシュアーモンドとチョコをコーティング。『きのこの山』『たけのこの里』に続く、「杉の木」をイメージしたチョコスナック。短命だったが、1992（平成4）年に『ラッキーミニ』の名で復活。

1988年、東京ドームが完成。日産『シーマ』発売で「シーマ現象」が流行語に。瀬戸大橋が開通。リクルート事件により政官財の各界に衝撃走る。

~1988

1987

あわ玉

［パイン］

口の中でシュワッと広がる刺激的な清涼感がたまらない。駄菓子屋さんでは、容器に入った『あわ玉』が1個10円で売られていた。今日はどの味にしようかと選ぶのも楽しみの一つ。

3種入った袋入り『あわだま』のカタログ。当時の味は、レモンライム、フルーツパンチ、ヨーグルトサワー。

20cm超えの〝ながーいチョコ〟

ラーメンばあ

［クラシエフーズ］

味付け麺を砕き、コーンパフと混ぜて棒状にした、片手に持ってかじるラーメンスナック。発売当初は、しょうゆ味とチリ味。「覆面レスラー軍団抗争Wシール」付きで人気となった。

日本一ながーいチョコ

［リスカ］

棒状にしたコーンスナックにチョコがけした日本一（!?）なが～いチョコスナック。長さは『うまい棒』の約2倍もある。2013（平成25）年10月より、やおきんの専売に。

チョコナッツ5
チョコナッツ3

［有楽製菓］

アーモンド、ピーナッツ、レーズン、コーン、カカオの5種類の素材が入ったチョコバー『チョコナッツ5』。1988（昭和63）年から、3種類のナッツが入った『チョコナッツ3』も登場。『ブラックサンダー』の先輩格だが、どちらも現在終売。

OKASHI topics
お菓子トピックス

コンビニエンスストアの総店舗数が1万店を突破。お菓子業界では、24時間稼働するコンビニでの新たな販売戦略に知恵を巡らせた。CI導入が各企業のトレンドとなり、森永製菓、カバヤ食品などがこの頃までに新たなロゴマークを設定した。

1989

チーズ味

和風バーベキュー味

1989（平成1）年には、大きく頭文字の「S」が描かれたパッケージに変更し、売り場での存在感もアップ。

チーズ味

和風バーベキュー味

スコーン

［湖池屋］

本来「スコーン」とは英国生まれのパン菓子を指すが、日本ではこのスナックの登場により意味が変わった感さえある。一度聞いたら忘れられない響きと、「スコーン！」とヒットするよう願いを込めて命名。「カリッとサクッとおいしいスコーン♪」と社交ダンスを踊るテレビCMも効果抜群だった。サクサク軽快食感のコーンスナックだ。写真は1988（昭和63）年のもの。

グレープ果汁100

オレンジ果汁100

果汁グミ

［明治］

国産グミキャンディ『コーラアップ』をヒットさせた明治が、「果物を食べるようなグミを」と開発。「果汁100」にこだわり、発売当時から大きな果物をパッケージに描いた。2002（平成14）年からは着色料不使用を強調している。

ヨーグルトあじ

グレープあじ

わたパチ

［明治］

子ども向け不思議食感系お菓子がじわりとブームになっていた中で登場した『わたパチ』。綿菓子タイプのキャンディに炭酸ガスを加えたキャンディで、口の中でパチパチはじける。

昭和天皇の容態悪化で自粛ムード広がる。ソウル五輪が開催され鈴木大地がバサロ泳法で金メダル。JR東海が「クリスマス・エクスプレス」キャンペーン開始。

1988

プレミアムな味と口どけ

V.I.P

［ロッテ］

濃厚生クリームを練り込んだ、なめらかで豊かな口どけが特徴の元祖プレミアムミルクチョコレート『V.I.P』。通常100円だったチョコレートの中、200円の高額設定ながら高級志向を前面に出した大胆な販売戦略で大ヒットとなった。テレビCMには、工藤静香を起用した。

クリーミーホワイト

ベネズエラ豆

ジャージー乳

ソリッド

［森永製菓］

『ミルクチョコレート』発売70周年に当たり、原料乳製品の甘み・コク・口どけなどを改善した、新たな板チョコ『ソリッド』が誕生。「ベネズエラビター」「ジャジーミルク」「クリーミーホワイト」のほか、「フリージャンミルク」「エクアドルビター」もあった。

ビター

生クリーム

マイルドチョコ

［クラシエフーズ］

スティック状のスリムなパッケージにひとロサイズのチョコ9粒入りの、携帯性を謳ったチョコレート。キャッチコピーは、「ハンディはトレンディ。」「食べたいときのポケットチョコ」。発売当初は、「マイルドチョコ」「ビターチョコ」「生クリーム」の3種類で展開した。

OKASHI topics
お菓子トピックス

『V.I.P』(ロッテ)にはそれまで不可能とされていた高水分の生クリームとチョコレートを融合する世界初の製法を採用。『ぬ～ぼ～』(森永製菓)が大ヒット。発売と同時に展開したキャラクター企画も注目された。

~1969
1970~79
1980~88
1989~99
2000~18

軽～いふわふわエアインチョコ

エアインチョコ

いちご味

ぬ～ぼ～

[森永製菓]

『スプーナ』(P116)で開発されたエアインチョコを応用し、さらに空気を多く含ませた超軽い食感のチョコをモナカの皮で包んだお菓子。商品名のイメージに合ったキャラクターとして生まれたのが、のんびり素朴でやさしい心を形にした「ぬ～ぼ～」だった。1996(平成8)年に終売したが、「ぬ～ぼ～」はお菓子から独立して活動。

キョンシールガム

[コリス]

映画『霊幻道士』のヒットで広まったキョンシーブームに乗り、「お札」の形のシールをおまけに付けて発売。おでこに貼ってぴょんぴょん跳ねる子も多かったようだ。現在は終売。

大人のニーズを形にしました!

ミスターエチケット

[クラシエフーズ]

高級外国タバコを彷彿とさせる金の縁をあしらったグリーンのパッケージが目をひく、アダルト志向を謳った機能性ガム。クロロフィル、サイクロデキストリン、ユッカエキスによる「口臭除去」と、甘さを抑えた「口中清涼」を掲げた、都会派感覚のアダルトガムだ。

コラム②

特別なときのとっておき！　高級お菓子

構成・文／足立謙二

1929年～　ゴーフル ［上野風月堂］

1747（延享4）年創業の老舗で、1872（明治5）年から洋菓子製造を開始した風月堂一門によって開発された『ゴーフル』。砂糖を多く使った甘みが強い和菓子が上菓子とされていた当時、さっくりとした食感で口どけがよく上品な甘さは新鮮で大好評となった。味は不変な一方、パッケージデザインは時代の変化を捉え、リニューアルを繰り返してきた。写真は、1970年代後半のギフトセット。

子ども の頃、親戚のおじさんやおばさん、親の会社の人など、お客さんが家に来てくれると自然とワクワクしたものだ。お小遣いをくれるんじゃないか、とまで図々しくは思わないが、家のどこに隠してあったのかもわからない、いつもボクらが食べている駄菓子やスナックとは住む世界が違うような高級なお菓子がテーブルに並ぶ――、その瞬間を期待していたのだ。もちろん、それは自分たちのために出てきたものではないが、お客さんが帰った後の残りのお菓子がいわばボクらの獲物だ。

そんな、ここぞというときにだけ口にできる憧れのお菓子たち。その中には、文明開化以前から職人たちが心を込めて作り上げ、人々に愛され続けてきた〝食べる重要文化財〟と呼ぶべきものも少なくない。大人になった今でも、特別なときに味わいたくなる、とっておきのお菓子たちをご照覧あれ。

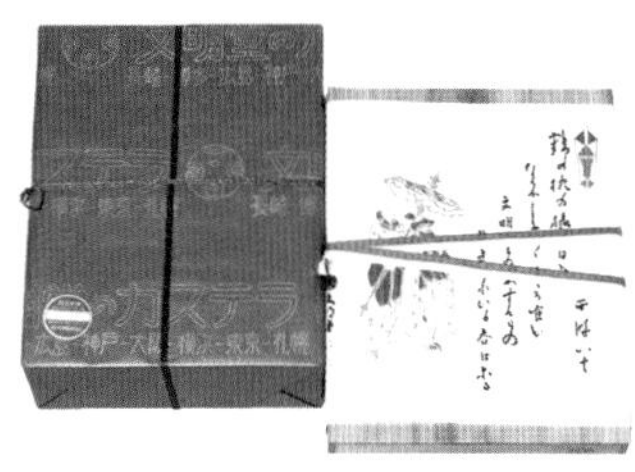

カステラ

[文明堂東京]

文明堂は、1900（明治33）年に長崎市で創業。その後は東京を拠点に有名百貨店などで『文明堂のカステラ』『特撰五三カステラ』などを発売してきた。写真は1968（昭和43）年頃に販売していたカステラ。「カステラ一番、電話は二番、三時のおやつは文明堂♪」のテレビCMはあまりにも有名だ。

1969年〜

シガール

[ヨックモック]

バターのコクと風味を最大限に活かし、サクサクとした軽い口当たりと繊細な口どけが特徴。創業者がスウェーデン北部の町の名に独特の響きを感じて付けた社名が「ヨックモック」だった。初代の缶はブルー地に金色の唐草模様が施されている。一度食べたら手が止まらなくなってしまう。

1962年〜

チロリアン

[千鳥屋]

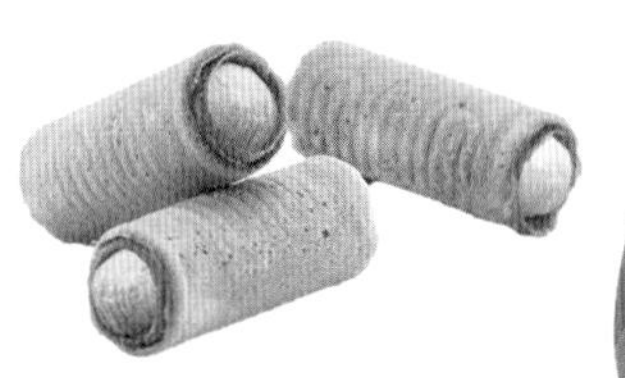

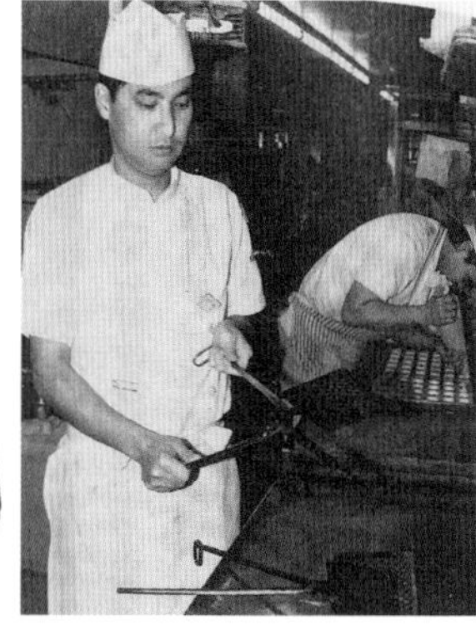

1630（寛永7）年に福岡で創業した千鳥屋が発売したオリジナル洋菓子。ミルクとバターをたっぷり使いチロル伝統のレシピでサクッと焼き上げた軽い食感のロールクッキーになめらかなクリームが入っている。メルヘンチックな缶の絵柄がどこか懐かしい。右の写真は、発売当初の『チロリアン』の焼き器。

平成編

1989〜2018

Meiji
冬期限定
Meltykiss
Chocolate
メルティーキッス
雪のような口どけ
Meltykiss
冬期限定

BOURBON
ALFORT
アルフォート
13枚入

House
ザクッとおいしい
O'ZACK
オー・ザック
プレーン

NEW
カルビー
さやえんどう
あっさり和風味
NEW SAYAENDOU SNACK
新発売

YURAKU
BLACK
黒い雷神
THUNDER
スーパーチョコバー

Fit's
MIXBERRY
Soft & Long-lasting
Flavor Gum
LOTTE

Calbee
じゃがりこ
サラダ

カルビー
POTATO CHIPS
ピザポテト
厚切りポテトに
ほんものピザ味

Pocky
Glico
mousse
Pocky
ムースポッキー

パリッとして
かるい食べ心地!
エアリアル
AERIAL
コーンスナック
しお味

KANRO
のどにリフレッシュ!
ノンシュガー
のど飴
NON SUGAR

LOTTE
XYLITOL
SUGARLESS
キシリトール・ガム
歯を大切に

湖
KOIKEYA
PRIDE
POTATO

Calbee
ポテトチップス
クリスプ
コンソメパンチ

Jリーグチップス
Jリーグチップス
Jリーグチップス
Jリーグチップス
Jリーグチップス
Jリーグチップス
J.LEAGUE

LOTTE ティラミス
TIRAMISÙ
FRESH CREAM CHEESE IN
CHOCOLATE

Pinky
Peach
Mint
Sugarless

UHA味覚糖
小粒タイプの新口中刺激グミ
シゲキックス
スーパーレモン

UHA味覚糖
果汁100
コロロ
Grape

らあめん
ババア
よっちゃん

1989~'99

OKASHI Chronicle OUTLINE

バブル景気が頂点を迎える中で、平成へ年号が改まった1990年代、お菓子の世界も新時代を象徴するアイテムが続々と登場してきた。世はグルメブームでもあり、新しい味覚や食感を求める消費者のニーズを捉えて各社がしのぎを削った。

スナック界では、カルビーが『お好み焼きチップス』『イタリアンピザ』『ピザポテト』と新たな味を投入。さらに、プレミアム感を高めた『ア・ラ・ポテト』や『堅あげポテト』など、ポテトチップスのラインナップ充実化を進めた。ライバル各社もこれに応戦。『オー・ザック』(ハウス食品)、『すっぱムーチョ』(湖池屋)なども登場し、激しいポテトチップス戦争の様相を呈した。ただ、社会では、"カウチポテト族"など、ポテトチップスへのネガティブなイメージが頭をもたげてきたのもこの頃。敏感な消費者心理に各社とも難しい対応を迫られた。

チョコレートの世界にも顕著な変化が見られた。ロッテの『ティラミス』は、折からの"イタ飯"ブームで登場したスイーツをお菓子の世界に取り入れた。『ダース』(森永製菓)、『メルティーキッス』(明治)、『紗々』(ロッテ)など、板チョコではないセパレートタイプへのシフトも年々加速していった。

さらに、チョコレートなのにシュガーレスを実現した『ゼロ』(ロッテ)や、テレビの情報番組などで伝わったカカオの効果を前面に出した『チョコレート効果』(明治)など、健康を考えた、革命的ともいえるチョコレートが誕生。この頃、食品業界で大きなテーマとなっていったのが、こうした健康志向への対応だ。スナック類では、タンパク質や食物繊維が豊富で糖質を抑えた『ビーノ』(東ハト)、『さやえんどう』(カルビー)などが登場した。

1991(平成3)年、特定保健用食品(トクホ)制度が始まると、特定の効果を明記したお菓子が新たなジャンルを形成。『キシリッシュガム』(明治)、『キシリトール・ガム』(ロッテ)など、虫歯の原因菌を作らない「キシリトール」を使ったシュガーレスガムが誕生。また、『VC-3000のど飴』(ノーベル製菓)、『ノンシュガー果実のど飴』(カンロ)、『ミンティア』(アサヒグループ食品)といった、ハーブ成分を配合したのど飴やタブレットなどもヒットした。

1999(平成11)年発売の『チョコエッグ』(フルタ製菓)も一大ブームに。おまけを超えた精巧なフィギュアが付属し、大人も巻き込んだ食玩ブームの火付け役となった。

はちみつ
きんかん
のど飴
はちみつにじっくり漬け込んだ丸ごとまろやかなきんかんを使用しました。

カルビー
イタリアン
ピザ

タラタラしてんじゃねーよ

コイケヤ
NEW
ポリンキー
ステーキ・ソース
カルシウム入り

手につきにくい
m&m's

ミヤタの
牛乳入り
ヤングドーナツ
ANNIVERSARY

カルビー
焼き
もろこし
こんがり香ばしい

LOTTE
CHOCOLATE
SASHA
さしゃ
紗々
WHITE MESH
チョコレートで編み上げたおしゃれな軽さ

SALTY BUTTER
Tohato
SALTY
BUTTER
IT'S A SALTY BUTTER

コイケヤ
すっぱムーチョ
新発売
うすしおビネガー

KAMEDA
えびぷりっ

Calbee
ぎざぎざポテト
チキンコンソメ

ばかうけ

明治グミ
GUMMY
ひもQ
ひもみたいなグミだよーん!!
オレンジ&アップル

コイケヤ
ドンタコス
メキシカンチリ

made in Belgium
SUGAR FREE
50 tablets
FRISK
fresh up · peppermint

VEGETABLE SNACK
Tohato
Beano
ビーノ
カルビー
じゃがスティック
サラダ
Salad

~1990

平成改元。消費税導入。天安門事件。ベルリンの壁崩壊。日経平均株価が38,915円87銭の史上最高値をつけバブル景気頂点に。任天堂『ゲームボーイ』発売。「おやじギャル」が流行語に。

1989

秋だけの限定品が誕生！

うす塩

和風

ア・ラ・ポテト

［カルビー］

その年の秋に収穫したばかりの北海道の新じゃがのみを使った、秋限定の定番ポテトチップス。厚切り波型スライスにより、サクッとした歯ざわりと、厳選使用したじゃがいものおいしさをしっかり味わえる。

焼きもろこし

［カルビー］

とうもろこしを粉砕したコーングリッツが主原料のスナック。深い味わいの昆布のうま味と焼きとうもろこしの香ばしい風味が絶妙。

ばかうけ

［栗山米菓］

片手で食べやすい形と、やわらかすぎない絶妙な食感で大人気の『ばかうけ』。“ばか”は新潟の方言で「すごい」の意味。当初のキャッチコピーは「わしらの米を食べとくれん」。

お好み焼きチップス

［カルビー］

お好み焼きとソースの香ばしい味わいが楽しめる、個性派のポテトチップス。あおさの風味がお好み焼きらしさをさらに引き立てる。

ヤングドーナツ

［宮田製菓］

高品質の小麦粉と卵、北海道産の牛乳を使用し、はちみつを練り込んだ『ヤングドーナツ』。食べ応えのあるドーナツ4個入りでちびっ子も大満足。写真は35周年の限定パッケージ。

OKASHI topics
お菓子
トピックス

消費税3%が導入され、中小の駄菓子屋は閉店に追い込まれるなど苦境に。駄菓子の値上げも相次ぐ。その一方で、『ヤングドーナツ』（宮田製菓）、『タラタラしてんじゃね〜よ』（よっちゃん食品工業）など新時代の個性派駄菓子も誕生。

たい焼きの中身はチョコ!?

ぷくぷくたい

［名糖産業］

たい焼き風のサクサクのモナカの中には、ふわっふわのエアインチョコ。当初のパッケージは頭が右向きだが、尾頭付きの焼き魚は左向きがお決まりなので左向きにリニューアル。

1993

1990

タラタラしてんじゃね〜よ

［よっちゃん食品工業］

魚肉シートを食べやすいひと口サイズにカット。豆板醤を効かせた激辛味で、噛み応えのある硬さ。名前の通り、「ゲキ」を飛ばされるような刺激的な風味で身も引き締まる!?

ポリンキー

［湖池屋］

ひと口サイズの三角形で、サクサク軽い食感で人気のコーンスナック。「ポリンキー、ポリンキー、三角形の秘密はね〜、教えてあげないよ!」と歌うCMも大ヒット。30周年記念パッケージ（左下）ではポリンキーたちの顔がドアップに。「めんたいあじ」では唇も明太子に!?

2020

1996

1991年、湾岸戦争勃発。ジュリアナ東京スタイルが流行。SMAPがCDデビュー。米ソ核軍縮を発表。横綱千代の富士が引退し、若貴ブームに。1992年、日本人宇宙飛行士・毛利衛さんが宇宙へ出発。

~1992

1990

宅配ピザの流行とともに誕生！

ピザチップス

1991

イタリアンピザ

［カルビー］

『お好み焼きチップス』のヒットから、似た形状のピザもいけるのではと、『イタリアンピザ』を企画。宅配ピザの需要拡大も追い風となって大ヒット。1991（平成3）年には『ピザチップス』に一新。

コンソメ

プレーン

オー・ザック

［ハウス食品］

ザクッとした食感で、豊かなポテトの風味が味わえるポテトチップス。ポテトのほどよい厚みと、ボコボコと膨らんだ形が特徴。発売当初は、「プレーン」と「コンソメ」の2種。

1991

LOTTE ティラミス
TIRAMISÙ
FRESH CREAM CHEESE IN CHOCOLATE

ティラミス

［ロッテ］

ブームとなったイタリアのデザート「ティラミス」をチョコレートで再現して大ヒット。マスカルポーネチーズと生クリームを使用。

ビーノ

［東ハト］

えんどう豆を生地中の穀物として100%使用したスナックなので、えんどう豆本来のおいしさを存分に味わえる。素材のうま味を引き出すために、直火焙煎製法でこんがり焼き上げた。

きえちゃうっ！キャンディ～

［ライオン菓子］

なめると変わる色で占う、子どもに人気の楽しいコミュニケーションキャンディ。グレープ味のキャンディで、占いは全部で50種類。

OKASHI topics
お菓子
トピックス

1991年、イタリアのスイーツ『ティラミス』が大流行。ロッテの『ティラミス』は発売早々品薄状態となり、原料のチーズをイタリアから緊急空輸する事態に。1992年、Jリーグ開幕を前に、第1回ヤマザキナビスコカップが開催。カルビーでは『Jリーグチップス』を発売。

1992

リアルピザ味を徹底追求！

ピザポテト
[カルビー]

『ピザチップス』が進化！ 表面を厚切りギザギザカットにし、チーズ味フレークを表面にまぶし、リアルなピザのおいしさを再現した。

スーパーおっとっと
[森永製菓]

『おっとっと』の味や形をベースに、魚介類の形をしたスナックをリング状に成型。通常の『おっとっと』の約2倍というBIGサイズ。

ノンシュガーのど飴
[カンロ]

現在も続く、「ノンシュガーのど飴」シリーズのパイオニア。砂糖を使っていないから、甘すぎない、ちょうどいいすっきりした甘さ。

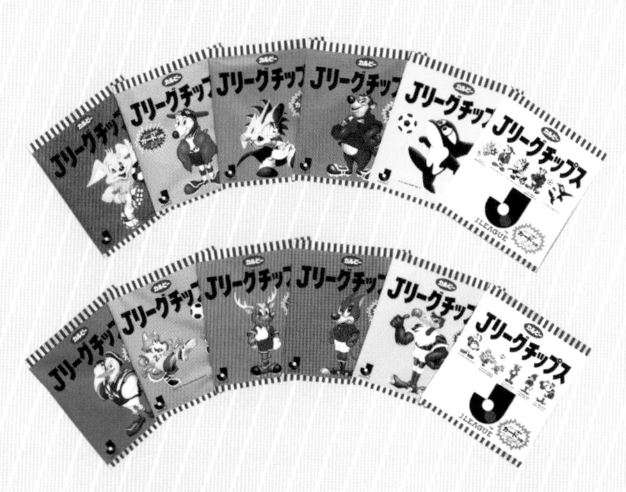

Jリーグチップス
[カルビー]

『プロ野球チップス』のオフシーズン対策として、1987(昭和62)年に発売した『JSLチップス』が前身。Jリーグ正式開幕前のタイミングで『Jリーグチップス』に改名。1993(平成5)年の開幕前から人気になり、チーム別のパッケージが登場すると、さらに人気は加速した。

スーパーミント

スーパーレモン

シゲキックス
[UHA味覚糖]

ガムのような噛み応えのあるグミに、強烈にすっぱいレモンや強ミントのフレーバーで、総合的な刺激を楽しめるグミキャンディとして発売。パッケージを見ただけでもすっぱくなる!?

1993年、自民党が総選挙で敗北し細川連立内閣が発足。テレビドラマ『ずっとあなたが好きだった』で佐野史郎演じる「冬彦さん」が話題に。国家公務員の週休2日制がスタート。

~1993

すっぱおいしい~!!

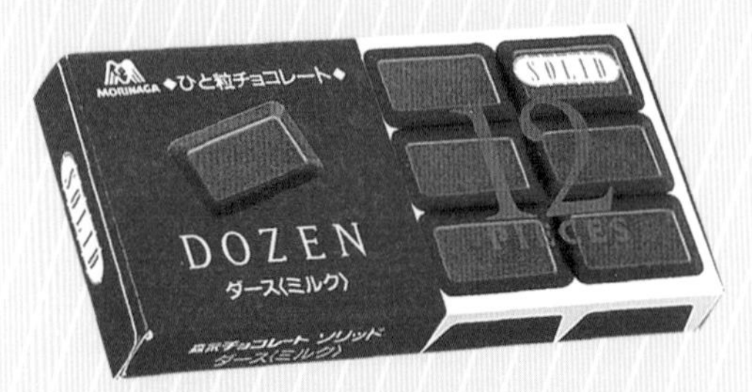

一粒チョコ12個入りなので『ダース』と命名。口に入れたときの一番おいしい形を追求し、独自の歯応えと口どけのよさを実現した。

ダース
[森永製菓]

すっぱムーチョ
[湖池屋]

辛味スナック『カラムーチョ』の姉妹品。海外で人気だったビネガー風味のポテトチップスを日本風にあっさり目にアレンジした。

シーズケース
[アサヒグループ食品]

小さな黄色い球形をしたレモン風味のタブレットキャンディ。レモン200個分に相当する4000mgのビタミンCなどのマルチビタミンを配合。写真は2011(平成23)年頃のもの。

堅あげポテト
[カルビー]

「ケトルチップ」と呼ばれる欧米のポテトチップスを参考に、厚切りのポテトをじっくりと揚げ、低温長時間少量生産で堅さを出した。キャッチコピーは「噛むほどうまい!」。

クランキービスケット
[ロッテ]

人気の『クランキーチョコレート』を全粒粉ビスケットで挟んだ、ひと口サイズのチョコサンド。2種類のサクサク感が楽しめる。

1993年、Jリーグが開幕し、選手のカードが付いた『Jリーグチップス』(カルビー)が爆発的人気に。ナタ・デ・ココがブームに。『トライデントシュガーレスガム』(ワーナーランバート、現モンデリーズ・ジャパン)の「歯は命」というテレビCMが話題に。

見た目も味もさやえんどう!

さやえんどう
［カルビー］

えんどう豆をまるごと使用し、ポコポコした形までも再現した「さやえんどう」のスナック。豆本来のうま味と甘みが詰まった味わいを、サックリとした独特の食感で楽しめる。

セサミ　バター

ソルティ
［東ハト］

ほろほろとした食感で口どけのよい、やわらか食感のクッキー。発売当初は、「バター」と「セサミ」の2種。発酵バターを練り込み、風味豊かに焼き上げた「バター」は定番の味だ。

ひもQ
［明治］

遊びながら楽しめるヒモ状のグミキャンディ。引っ張ったり、伸ばしたり、結べたりと自由な発想を刺激する子ども向け知育系お菓子。

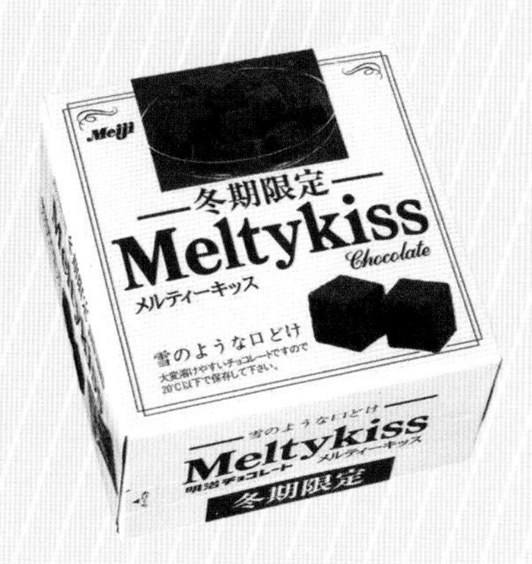

メルティーキッス
［明治］

クリーミーなミルクのコクを追求しながら、余韻はすっきり仕立てにした、ひと口サイズのキューブ型チョコレート。なめらかな口どけが命の商品なので、冬季限定販売となっている。

うめ風味

うすしお

夏ポテト
［カルビー］

国産の夏の新じゃがのみを使った夏季限定商品。独特な「厚切り波なみカット」により、厚切りの噛み応えとさっくり食感を味わえる。

1994年、リレハンメル冬季五輪開催。ソニー『プレイステーション』発売。1995年、阪神淡路大震災が発生。地下鉄サリン事件。Windows95発売。アニメ『新世紀エヴァンゲリオン』放送。

~1995

1994

ブラックサンダー

[有楽製菓]

ザクザクとハードな食感と満足感のあるボリュームで大人気のチョコバー。圧倒的なザクザク感で、まさに「おいしさイナズマ級!」

ドンタコス

[湖池屋]

日本生まれの定番トルティア。とうもろこし100%の生地を絶妙な焼きと揚げ時間で、パリッ、サクッとした軽快なクリスピー食感に。

チョコには帆船のレリーフが

アルフォート

[ブルボン]

全粒粉入りのダイジェスティブビスケットを香ばしく焼き上げ、帆船のレリーフが成型されたチョコレートを組み合わせた。ロマンを感じさせるストーリー性を持たせたいとの思いから帆船のデザインを選んだ。

らあめんババア

[よっちゃん食品工業]

チキン味の乾燥ラーメンを細かく砕いたラーメン系スナック。姉妹品には『激辛らあめんジジイ』もあった。2020(令和2)年終売。

トッポ

[ロッテ]

チョコを中に入れるという逆転発想から生まれたチョコスティックスナック。手を汚さずに最後までチョコをたっぷり食べられる。

OKASHI topics
お菓子トピックス

『スコーン』『ポリンキー』に続き、CMクリエイター佐藤雅彦が手掛けた『ドンタコス』（いずれも湖池屋）の商品名を連呼するシンプルでリズミカルなテレビCMが評判に。ロイズの「生チョコレート」が人気となり、新たな北海道土産菓子として定着。

強烈ミントで fresh up!

フリスク
［クラシエフーズ］

ベルギー直輸入のタブレットミント。口の中に入れた瞬間、ミントの刺激と爽快感が広がり、口の中を速攻でリフレッシュする。

M&M'Sミルクチョコレート
［マースジャパン］

「お口でとろけて、手にとけない」のキャッチフレーズで知られる米国発の一粒チョコ。「ミルク」は、1994（平成6）年に全国販売。

じゃがスティック
［カルビー］

箱型容器に入ったじゃがいもスティック。コンビニエンスストア限定で発売された。『じゃがりこ』の前身商品だ。

歯みがきガム
［クラシエフーズ］

ガムで歯磨きができる、後味すっきりの板ガム『歯みがきガム』。2021（令和3）年3月に終売も、再発売を求める声が多いという。

紗々
［ロッテ］

1.5mmの細い線状のチョコレートを何層にも重ねて作り上げた。その総数は約1350本！ 美しい見た目、パリパリとした繊細な食感、数種のチョコがほどけあう口どけが魅力。

人気の『じゃがりこ』誕生！

じゃがりこ
［カルビー］

『じゃがスティック』の実績を元に、折れにくさ、長さを調整。四角柱を円柱状に変更し、食べやすさもアップ。容器をカップ型にしたことで、車のカップホルダーにもフィットした。

1996年、アトランタ五輪開催。病原性大腸菌「O157」による食中毒が発生。ルーズソックスが流行。1997年、消費税が3%から5%に引き上げ。ナゴヤドーム、大阪ドームが相次いで完成。

~1997

1996

ガルボ

[明治]

チョコと焼き菓子が一体化した新たなお菓子をと開発された『ガルボ』。チョコレートがぎゅっと染み込んだ焼き菓子を、カカオ風味豊かなチョコが包んでいる。独特の食感が特徴。

ゼロ

[ロッテ]

ほぼ不可能と思われていた「シュガーレスのチョコレート」を世界で初めて開発。砂糖ゼロ、糖類ゼロのチョコレートなのに、まろやかな口どけと甘くコク深い味わいを実現した。

えびっぷり

[亀田製菓]

パリッと軽い食感が特徴のお米のスナック。ノンフライで焼き上げたえびの香りと、キリッとした塩味があとをひくおいしさだった。2006(平成18)年に終売し、一度復刻。

サクサクパンダ

[カバヤ食品]

チョコレートとビスケットを組み合わせた、パンダのかわいい形が楽しめるチョコビスケット。現在はひらがなの『さくさくぱんだ』となり、70種類の"ぱんだ"のかわいい表情を楽しめる。

ペパーミント　カシス&ミント

ミンティア

[アサヒグループ食品]

カードタイプの薄型容器に入ったシュガーレスタブレット。瞬間的なミントの味わい、清涼感の持続、口どけなどの食感にこだわり、時代に応じた様々な商品を投入している。

ジャンボヨーグル

[サンヨー製菓]

駄菓子の定番『モロッコヨーグル』の約11倍ある、ちびっこ大興奮のビックサイズ。「いっぱい食べたい!」という熱い要望が形に。

OKASHI topics お菓子トピックス

ロッテが世界初のシュガーレスミルクチョコレート『ゼロ』を発売。「おかしのまちおか」1号店が東京・板橋に開店。東京ディズニーランドにキャラメルポップコーン専用ワゴンが登場。ベルギーワッフルがブームとなり新宿、梅田などの専門店に長い行列。

VC-3000のど飴
[ノーベル製菓]

おいしく手軽にビタミンCが補給できる、爽やかなシュガーレスのど飴。1袋にレモン150個分に相当する3000mgのビタミンCなどを配合。

プチクッキー

プチクラッカー

うす焼せんべい

プチシリーズ
[ブルボン]

ひと口サイズのクッキーや米菓が詰まった食べ切りサイズのミニパック。『うす焼せんべい』『プチクラッカー』など種類も豊富で、おやつやパーティー、旅のお供にも最適だ。

歯を守る!? ガム

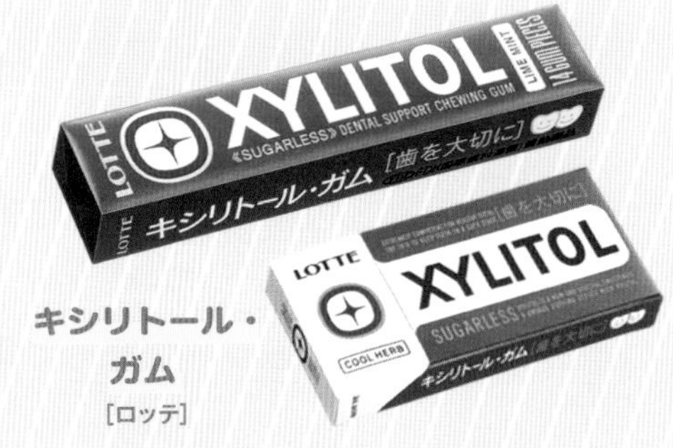

キシリトール・ガム
[ロッテ]

健康志向の高まりからシュガーレスガムが人気となる中で、虫歯の原因となる酸を作らない甘味料「キシリトール」を原料に使ったエポックメイキングなガムとして登場。

1997

キシリッシュガム
[明治]

欧州では、すでに伸長著しかった「キシリトール」を使ったガム。厚生省(当時)の許可が下りたわずか1カ月後に明治製菓が日本初の商品化に成功した。

ミントブルー
[ロッテ]

口の中にミントの爽やかな香りが広がる板ガム。青い海をイメージしたようなパッケージにイルカのイラストが映える。現在は終売。

ピーチミント　ピンクグレープフルーツミント

ピンキー
[湖池屋]

湖池屋が新たな柱として投入したタブレット菓子『ピンキー』。ハート型の粒などで人気を集めた。かわいいサルのマスコットも有名。

1998年、長野冬季五輪開催。サッカーW杯フランス大会に日本代表が初出場。映画『タイタニック』公開。横浜ベイスターズがセ・リーグ制覇。1999年、「ノストラダムスの大予言」不的中。

~1999

1998

厚切りギザギザの形に！

うすしお味

チキンコンソメ

ギザギザポテト
[カルビー]

期間限定の厚切りギザカットのポテトチップス。2010(平成22)年から『ポテトチップスギザギザ』に名前を変えて通年販売になった。

チョコレート効果
[明治]

カカオの健康効果に注目し、ポリフェノール含有量の高さをアピールした甘くないチョコレート。健康を考えるチョコとして定着。

甘栗むいちゃいました
[クラシエフーズ]

「自然の甘さ」を手軽に味わえると人気になった皮がむかれた甘栗。1998(平成10)年にテスト販売を開始し、2000(平成12)年に全国で発売。写真は1999(平成11)年のもの。

銀座スヰート生チョコレート
[明治]

昭和初期に銀座で開業していた「明治製菓銀座賣店」のレトロでちょっと上等な定番品をイメージした、冬季限定発売の生チョコレート。

ノンシュガー果実のど飴
[カンロ]

のどに潤いを与える、甘さすっきりのノンシュガーのど飴。発売当時はレモン、キウイ、カムカムフルーツなど、8種類の果実ハーブエキスを配合。

はちみつきんかんのど飴
[ノーベル製菓]

まろやかなきんかんを、はちみつにじっくり漬け込んだ、やさしい味わいののど飴。きんかんの爽やかな香りが口の中に広がる。

OKASHI topics
お菓子トピックス

米・アトランタのシナモンロール専門店・シナボンが東京・吉祥寺にオープン。『チョコエッグ』(フルタ製菓)や『ミニミニペコちゃん』(不二家)など、食玩分野に新たなブームの兆しが。NHK『みんなのうた』から生まれた『だんご3兄弟』が大ヒット。

スーパーソーダガム
スーパーコーラガム

[クラシエフーズ]

「子どもに食べる楽しみや驚きを」と、噛んだ瞬間にセンターの粉末がシュワッとはじけ、噛むごとにガリガリと音がする楽しい食感のガム。爽やかなソーダ味と人気フレーバーのコーラ味で発売を開始。2022(令和4)年3月に終売。

1999

フラン

ホワイト

[明治]

ココア風味のスティックビスケットに、ムースタイプのやわらかいチョコレートをコーティング。発売直後から斬新な食感が話題となり、一時生産が追いつかないほどの人気に。

チョコエッグ

[フルタ製菓]

タマゴ型のチョコレートの中に、おまけの小さなフィギュアが入ったシンプルな玩具菓子『チョコエッグ』。1999(平成11)年、「動物シリーズ」でデビュー後、あっという間にブームになり、「食玩」「大人買い」「シークレット」など、様々な新しい言葉が生まれた。

食玩ブームに火をつけた第1弾の「日本の動物コレクション」。フィギュアの製作販売を行う海洋堂の原型師による極めて精巧な作り。

ミニミニペコちゃん

[不二家]

世界各国の衣装を着たかわいい「世界のペコポコ人形」1個が入った、ひと口サイズのハート型チョコレート。左の写真は、1999(平成11)年春の店頭プロモーション用(第1弾全11種類)。

ローカル発の人気者！ ご当地お菓子③

発売〜2006頃

〜2015

2016〜

1962〜山形県発

オランダせんべい

［酒田米菓］

山形県庄内地域産の一等米だけを使用した、パリッと軽い歯ごたえの薄焼きせんべい。サラダ風味のあっさり塩味で、厚さはわずか3㎜。1962（昭和37）年、酒田米菓が独自に開発。同社工場がある庄内の田園風景がオランダの風景に似ていることや、"おらだ（私たち）のせんべい"から『オランダせんべい』という商品名になったとか。

昭和40年代に薄焼きブームが訪れ、テレビCM を制作。第1弾では無名時代の山本リンダが「♪た〜べちゃった〜たべちゃった、オランダせんべい食べちゃった」と歌った。

1966〜愛知県発

しるこサンド

［松永製菓］

1987〜

1966〜

秘伝のあんとビスケットとのバランスが絶妙！この組み合わせが、飽きのこない秘訣。親子三代で愛され続けてきたロングセラーだ。

北海道産あずきを使用したあんに、隠し味としてリンゴジャムとはちみつを加え、ビスケット生地で挟んで焼き上げた三層構造。長さが50mもあるオーブンで、約5分かけてじっくり焼き上げる。1966（昭和41）年の発売以来、変わらない味。発売当初は人気歌手が出演するテレビCM も放送され、多くの人に認知された。

『日本ご当地おやつ大全』（辰巳出版）より抜粋・編集。

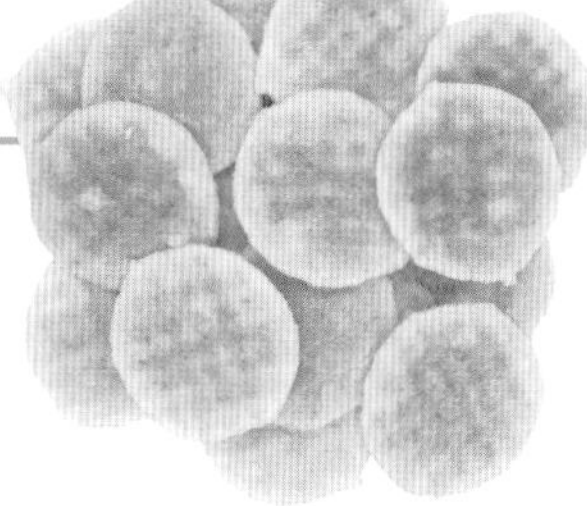

商品名は社内の公募により、イタリアの女の子の名前『ロミーナ』に決定。「欧風せんべい」だけに、過去のパッケージも洋風でおしゃれ。

1968

1968～兵庫県発

ロミーナ

[げんぶ堂]

薄焼きだがしっかりとした歯応えがあり、原料のうるち米の味がしっかりとするのが特徴。塩味の中に隠し味としてマスタードや香辛料が使われていることも、あとをひくおいしさの秘密だ。時代とともに包装や大きさなどはリニューアルしたが、味とパリパリ食感は変わることなく、現在も鳥取県と島根県を中心に愛され続けている。

2012頃～

2009頃～

2005頃～

1970頃～

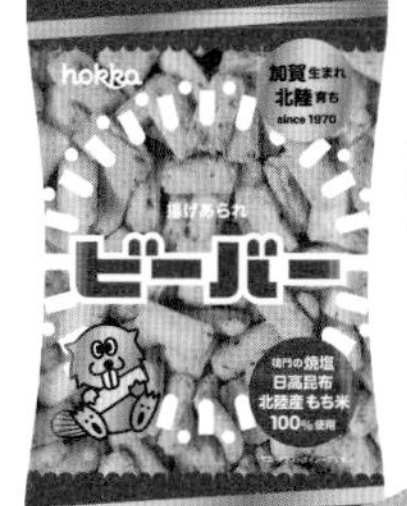

(上)かつての生産元が販売していた『ビーバー』の歴代パッケージ。現在のキャラは、顔に入っていた縦線がなくなり、股に丸みがついている。(左)現行のパッケージ。

1970～石川県発

ビーバー

[北陸製菓]

サクサクの食感と昆布のうま味たっぷりの揚げあられ『ビーバー』。日高昆布を北陸産もち米に練り込み、鳴門の焼き塩を効かせた味はクセになるおいしさ。1970(昭和45)年の発売だが、生産元の倒産により一度は店頭から姿を消す。しかし2014(平成26)年、当時のレシピと製法を忠実に引き継いだ北陸製菓によって見事に復活を果たした。

2000~'18

OKASHI Chronicle OUTLINE

消費者の間に、「健康志向」「地球環境重視」などの傾向がより顕著になった2000年代、日本のお菓子市場も大きな影響を受けることに。原材料にはなるべく自然由来の素材を取り入れ、自然にも自分の体にも優しい商品であることをアピールした。キャンディやチョコレートでさえも、「砂糖不使用」「甘さ控えめ」「あっさり風味」といった謳い文句が商品パッケージに大きく踊ることも当たり前の流れとなっていった。

しょっぱい系のスナック菓子でも、塩分を抑えた『ベジップス』(カルビー)などが登場。様々な工夫や新技術を駆使し、じゃがいもや野菜などの素材のうま味を引き出すことに成功。新たな商品開発の道を次々と開いていった。

また、2015(平成27)年に機能性表示食品認可制度が正式に始まるのと前後して、『乳酸菌ショコラ』(ロッテ)、『メンタルバランスチョコレートGABA』(江崎グリコ)など、食べることで体に一定のプラス効果をもたらす商品が登場し、新たな定番ジャンルとなった。かつて、お菓子が薬の代わりとされた時代もあったようだが、それが具体的に実現した歴史の妙は興味深い。

その一方で、「濃厚風味」を強調する、ある意味時代の流れに逆行するかのようなお菓子もスナック類を中心に広がりを見せた。1980年代に盛り上がった激辛ブームも、『暴君ハバネロ』(東ハト)の登場などをきっかけにバージョンアップ。こうした流れは、好奇心旺盛な若者や、これまでとは違う味覚を求めるマニアの心理に突き刺さった。

さらに、本格的なインターネット時代に突入し、「こんな面白いお菓子をこんなふうに食べてみた」など、個人がSNSや動画配信などで面白おかしく情報を発信。新たなお菓子の楽しみ方を生み出す一助となった。

そして、『大人のきのこの山』(明治)のように、昭和時代から続くロングセラーお菓子のニューバージョンも登場。発売当時から親しんできた、かつての子ども(現在の大人)たちに向け、少し高級感をもたせたスタイルで訴求するケースも。このような企画商品は、今後も増えていくのではないだろうか。

時代が移り変わり、人々の味覚が変化する中で、姿を消していくお菓子も少なくない。だが、ファンの惜しむ声に呼応した復活、期間限定復刻なども ある。こうしたメーカー各社の対応には、深く感謝したい。

Calbee
Jagabee
【ジャガビー】
うす塩味

Tohato
暴君ハバネロ

Kabaya
ラムネ菓子
ほねほねザウルス
組み立てカンタン
プラモデル
全8種類

ぷっちょ
e-ma
のど飴

カラダ香るフレグランスガム
オトコ香る。
Extra Rose Menthol

カラダ香る。キレイに香る。
ヒアルロン酸
ビタミンC
コラーゲン
Fuwarinka

Glico
HARD&RICH
Pocky G
2Packs

手塩屋

まるでチーズを
カリカリに焼いたような
カマンベールチーズ
Cheeza
51%

meiji
大人の
きのこの山

コイケヤ
ポテトチップス
みかん味
国内産みかん使用

Calbee
カラビーャ

BOURBON
fettuccine gummi
フェットチーネグミ
アルデンテな新噛みごこち!

Tohato
厚切りメッシュなポテトチップス!
あみじゃが
うましお味

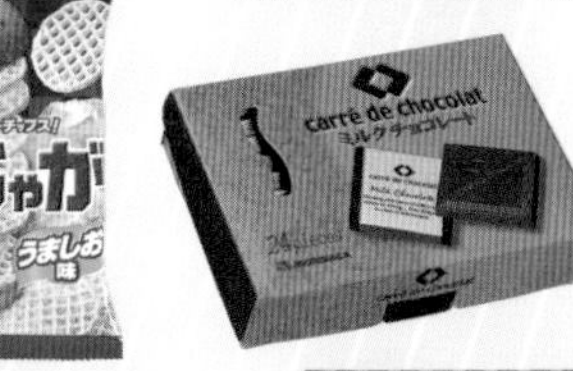
carré de chocolat
ミルクチョコレート

LOTTE
記憶力を維持する
meiji
The Chocolate

コイケヤ
元祖鶏ガラ
チキンラーメンチップス
チキンラーメンがポテトチップスになりました。
カリッカリ

ON
ショコラ
ハワイの果実フルーツ

Calbee
ミーノ
miino
そら豆

~2003

2000年、シドニー五輪開催、高橋尚子が女子マラソンで金メダル。イチローが大リーグ移籍。2001年、アニメ映画『千と千尋の神隠し』公開。2002年、サッカーワールドカップ日韓大会開催。

2000

ぷっちょ
[UHA味覚糖]

フルーツ味のぷちぷちグミが入った新食感のソフトキャンディ『ぷっちょ』。初期はぶどうとオレンジの2種。その後は新しいフレーバーも続々と登場。しゅわしゅわの炭酸タブレット入りの「コーラ」なども。

懐かしCM

『ぷっちょ』を人形にした「ぷっちょくん」が登場する2008(平成20)年のCM。クレイアニメによる抱腹絶倒の内容だった。

ふんわり軽いムースのポッキー

ムースポッキー
[江崎グリコ]

ホワイト

ふんわり食感の気泡入りチョコレートのポッキー。「もっとたくさんのチョコレートをまとったポッキーが食べたい」という声を踏まえて開発。あっという間に大ヒット商品に!

2001

シトラスミント

ハーブミント

e-maのど飴
[UHA味覚糖]

飴でもタブレットでもない多層構造キャンディ。つるつるしたなめ心地と、カリッとした噛み心地ある食感がクセになる。携帯しやすいスタイリッシュな容器もカッコいい!

さつまりこ
[カルビー]

ふかしたさつまいもをつぶしてカリッと揚げた秋季限定販売の『じゃがりこ』姉妹品。焼き芋パウダー配合の甘くて香ばしい味わいで、はじめカリッと後からサクサクの食感。

OKASHI topics
お菓子トピックス

1999年発売の『フラン』(明治)に続き、ふんわり食感のチョコがかかった『ムースポッキー』(江崎グリコ)が発売され、製造が追いつかず一時販売休止を余儀なくされるほどの大人気に。料理番組などに洋菓子職人が登場し、パティシエブームに。

2003

激辛ブームの先駆けスナック!

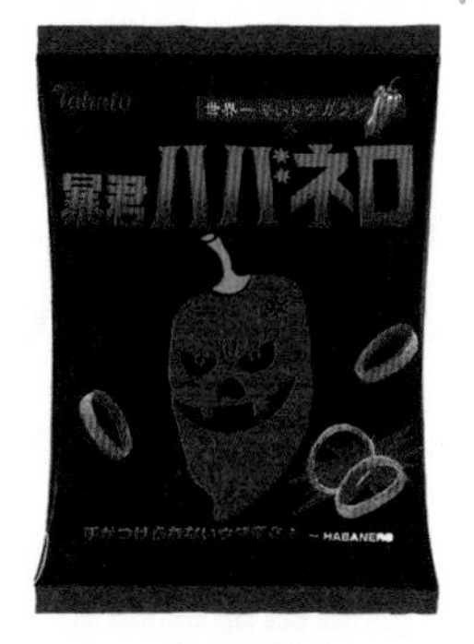

暴君ハバネロ
[東ハト]

当時世界一辛い唐辛子といわれた「ハバネロ」を使った、リング状のウマ辛ポテトスナック。ハバネロの刺激的な辛さと、チキン、オニオン、ガーリックのうま味がやみつきに。

2002

ほねほね
ザウルス
[カバヤ食品]

恐竜など古代生物の「骨」がモチーフのプラキットが付いたユニークな玩具菓子。骨のパーツを自由に組み換えたり、合体させたりと遊び方も無限大! 現在もシリーズ増殖中だ。

ポスカム
[江崎グリコ]

口内環境を整え、歯を丈夫で健康にするトクホガム。当初の味は、粒ガムが「クリアドライ」と「フレッシュライム」、板ガムが「ピュアミント」。現在は『POs-Ca(ポスカ)』に。

2003

レガ
[明治]

薄い3層の焼き菓子を甘さ控えめのチョコレートで包んだ、大人の雰囲気が漂うチョコレートスナック。パリパリとした食感で、噛むたびにカカオの香りが口の中に広がる。

じゃが
ポックル
[カルビー]

厳選された北海道産じゃがいもを使用。うま味成分を残すためにカットし、フライにした北海道限定のお土産スナック。

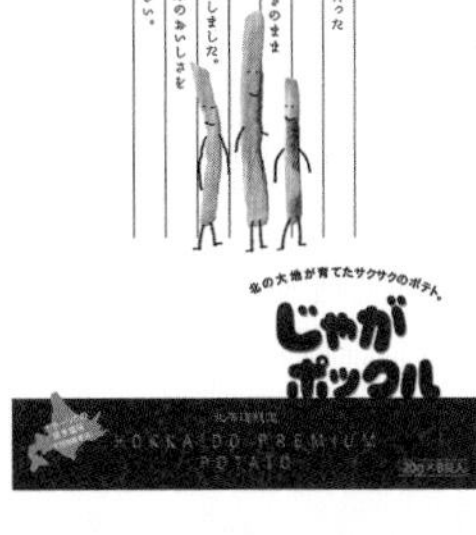

アルフォート
ミニチョコレート
[ブルボン]

人気のチョコレートビスケット『アルフォート』(P136)がひと口サイズになって登場。キャッチコピーは「午後の、楽しい時間に。」だ。

〜2006

2004年、韓流ドラマがブームに。2005年、プロ野球セ・パ交流戦始まる。つくばエクスプレス開業。クールビズが流行。2006年、表参道ヒルズがオープン。トリノ冬季五輪で荒川静香が金メダル。

森永製菓の究極のチョコレート

カレ・ド・ショコラ

［森永製菓］

チョコレートを存分に楽しめるようにと、森永製菓が試行錯誤の末に完成。香り、口どけ、味わいにこだわった大人のチョコ。商品名の「カレ」は、「四角」を意味するフランス語。

2003

ベイク

［森永製菓］

焼きチョコ『ベイク』は、外は香ばしくてサクサク、中はなめらかな食感のチョコレート。春や夏などの暑い季節でも、手で持っても溶けないチョコとして新たな市場を確立した。

2004

ピュアラルグミ

［カバヤ食品］

食感にこだわったグミ。発売時は果肉のような食感。現在は、フワフワ食感グミとプルプル食感グミを組み合わせて、豊かな果実の風味が口に広がる。

ポッキーG

［江崎グリコ］

通常の『ポッキー』より硬質な「歯応えのあるスティック」を使い、男性をターゲットにした黒いポッキー。「G」は重力に由来。

手塩屋

［亀田製菓］

だしが決め手のせんべい『手塩屋』。枕崎製かつお節と昆布のだしを効かせた味付けと、餅のようにぷくっと膨らませた焼きが自慢。

2005

チョコを食べてストレス低減！

メンタルバランスチョコレートGABA

［江崎グリコ］

仕事や勉強による一時的・心理的なストレスを低減する「γ（ガンマ）-アミノ酪酸」を配合したチョコレート。小粒のキューブタイプで、携帯に便利なスタンドパウチと、机などに置ける缶入りで展開。

OKASHI topics
お菓子トピックス

大阪発信の『堂島ロール』が大ブレイク。米ドーナツチェーン「クリスピー・クリーム・ドーナツ」が東京・新宿にオープン。行列待ちの客に無料でドーナツを配るなどのスタイルが受けて連日賑わう。機能性を強調するチョコレート、キャンディが次々と登場。

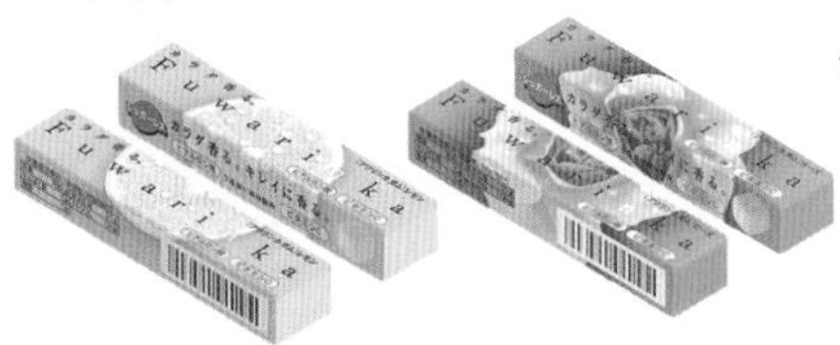

フワリンカ ガム
［クラシエフーズ］

香りのアロマ効果と潤い成分（ビタミンCとヒアルロン酸）で心身ともにキレイになる女性のためのガムとソフトキャンディ。新発売時の味は、「レモン」と「ローズ」の2種。

カラダ香る。キレイに香る。

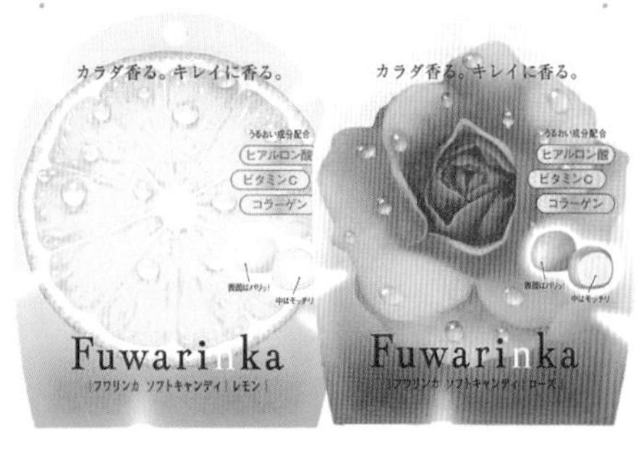

フワリンカ ソフトキャンディ
［クラシエフーズ］

2008

ふわりんか ガム
［クラシエフーズ］

「ふわりんか」とひらがな表記に。味は「フルーティローズ」と「ピーチジャスミン」。

2006

ACUO
［ロッテ］

爽やかな息が持続するフレーバーカプセル「MFLアクオカプセル」を配合した、息をデザインするガム『ACUO（アクオ）』。商品名は、ラテン語の刺激する、鋭くするという意味。

オトコ香る。
［クラシエフーズ］

ローズ味のオトコのガム。ローズの香り成分「ゲラニオール」をマイクロカプセルで包み込み、スパイシーなミントで風味を整えた。写真は2008（平成20）年リニューアル時のもの。

ポテリッチ
［カルビー］

ザクッとした食べ応えのある食感と味付けにこだわった、ちょっとリッチな厚切りポテトチップス。コンビニエンスストア限定商品。

じゃがビー
［カルビー］

サクッホクッとした食感が楽しめる皮付きじゃがいものスナック。『じゃがりこ』に続くカップ型パッケージで発売。

～2010

2007年、Twitter（現X）がサービス開始。バーチャルアイドル『初音ミク』誕生。2008年、iPhone日本上陸。北京五輪開催。リーマン・ショック。2010年、小惑星探査機「はやぶさ」が帰還。

2007

マカダミア カラメリゼ

［ロッテ］

丹念にカラメリゼしたマカダミアナッツをまろやかな味わいのミルクチョコレートで包んだ。カラメルのシャリッとした食感と食べ応えあるナッツの組み合わせが魅力。

しゃり蔵

［亀田製菓］

だしの効いたおいしさに、お米の風味を楽しめる『しゃり蔵』。心地よいほぐれ感のある生地が、お米の粗粒の食感を引き立てる。

2008

見た目も食感もまるでチーズ！

技のこだ割り

［亀田製菓］

荒砕きした堅焼きせんべいに、特製のしょうゆだれを2度付けでジュワッと染みこませた。堅めの歯応えと濃厚な味がクセになる。

チェダーチーズ

カマンベールチーズ

チーザ

［江崎グリコ］

まるでチーズをカリカリ焼いたような見た目と食感を実現した“濃厚おつまみスナック”。新発売時は、「チェダーチーズ（52%）」と「カマンベールチーズ（51%）」の2種で展開。

2009

2019

2012

エアリアル

［ヤマザキビスケット］

ヤマザキビスケット独自の製法で作り上げた4層構造のコーンスナック。薄い4枚の層により生まれる、サクッと軽い食感が魅力。軽い食べ心地で、食べ出したら止まらない。

うま味をほどよく効かせた「しお味」は、ドイツ・アルプスの岩塩層から採取したアルペンザルツを使用。

OKASHI topics お菓子トピックス

生クリームが入った「花畑牧場」の生キャラメルが大ヒット。ローソンの『プレミアムロールケーキ』が大ヒットし、コンビニスイーツが新潮流に。懐古・レトロブームを背景に、コンビニや大規模店舗が駄菓子販売に力を入れるように。

2009

みんなで「噛むとフニャン♪」

フィッツ

［ロッテ］

通常のガムよりもやわらかいのが特徴。ガムを噛むとふにゃふにゃしたフィッツダンスを踊り出す「噛むとフニャン♪」のテレビCMで人気に。カラフルで薄いパッケージも個性的。

ガーナ ホワイト

［ロッテ］

『ガーナミルクチョコレート』(P39)の姉妹品として、ロッテこだわりのホワイトチョコレート『ガーナホワイト』が誕生。ミルクをたっぷり配合し、コク豊かでまろやかな味わいが楽しめる。

塩分チャージ タブレッツ

［カバヤ食品］

汗によって失われた塩分を素早く補給できるタブレット状のお菓子。ナトリウムとともに汗に含まれるカリウムも配合。水と一緒に食べれば、手軽においしく塩分補給ができる。

2010

ヒ～ハー!!

［カルビー］

ピリッとあとひくうま辛ポテト「ヒ～ハー」シリーズ誕生。「ヒ～！」辛い！「ハー！」おいしい！ だから商品名が『ヒ～ハー!!』。2011(平成23)年にはスティックタイプも登場。

フェットチーネグミ

［ブルボン］

「アルデンテな噛みごこち」がキャッチフレーズの、平打ちパスタ形状のフルーティなグミ。初代は、濃厚な「イタリアングレープ味」と爽やかな「シチリアレモン味」の2種。

野菜のおいしさがスナックに！

ベジップス

［カルビー］

野菜本来の味を活かした新スナック菓子。徹底した原料管理とシンプルな味付けで、サクサクカリッとした食感と味わいが楽しめる。

玉ねぎ かぼちゃ じゃがいも

さつまいもとかぼちゃ

~2013

2011年、東日本大震災発生。なでしこジャパンがサッカー女子ワールドカップ優勝。2012年、東京スカイツリー開業。2013年、『くまモン』などご当地キャラが注目される。

2011

デュアル

［ロッテ］

2つ(Dual)の素材が1つで味わえる新感覚チョコ。サクサクの香ばしいシリアルと、チョコのしっとりとした味わいが口の中に広がる。

あみじゃが

［東ハト］

あみ状に厚切りカットした「うましお味」のポテトチップス。ザクッとはじける食感と濃厚なフライドポテトの風味をたっぷりと楽しめる。

アーモンドピーク

［江崎グリコ］

グリコ独自の飴焼きアーモンド製法で仕上げたアーモンドを、口どけのよいチョコレートで包んだ。ナッツの香ばしさとコク深さに加え、ミルクの芳醇な味わいが広がる。

2012

2大元祖が夢の共演!

日清焼そばチップス・チキンラーメンチップス

［湖池屋］

即席ラーメンの元祖・日清食品と、国産ポテトチップスの元祖・湖池屋がコラボ。『チキンラーメン』の味を忠実に再現(左)、『日清焼そば』はソースの香りとスパイスが効いた味わい(右)。

極上比率 生ショコラブッセ

［ロッテ］

生チョコを硬いチョコで包み、ココアブッセでサンド。チョコはブッセからはみ出る大きさで、ぜいたく感が味わえる「極上比率」。

カフカ

［ロッテ］

噛むほどにミルクのコクとうま味が楽しめる、ふかふかとした食感が特徴のソフトキャンディ。『ふかふかかふかのうた』も話題に。

スマートフォンやSNSの普及にともない、お菓子の新商品情報がネットを通して短時間で全国規模に伝わる流れが定着。『チキンラーメンチップス』（湖池屋）のように、異業種コラボによる企画商品がこの頃からコンビニ界隈を賑わせるように。

2013

国民的お菓子の大人向けバージョン！

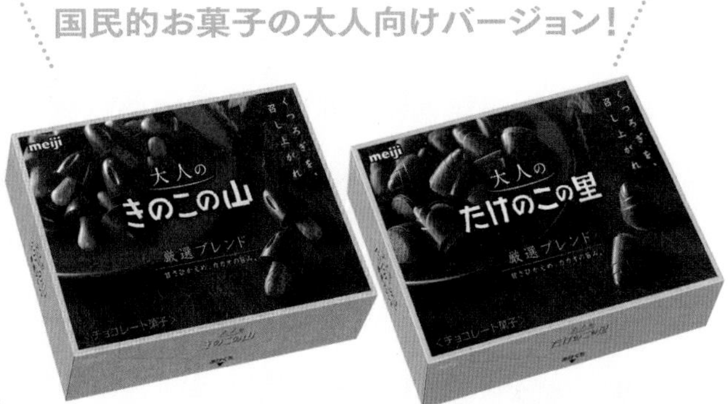

たべプリ

［共親製菓］

駄菓子の定番『さくらんぼ餅』（P95）の姉妹品が、スマートフォンのデザインで登場。中身の味は、ピーチとマンゴー、青りんごの3種。

大人のきのこの山

［明治］

大人のたけのこの里

［明治］

1970年代に発売された明治の国民的お菓子『きのこの山』と『たけのこの里』の大人向けバージョン。甘さ控えめの厳選したカカオのうま味と香りでリッチに仕上げた。子どもの頃に食べて育った現代の大人たちが夢中に。

ローマのカフェタイム

ハワイの朝フルーツ

ONショコラ

［ロッテ］

「世界をのせて」をキーワードに、彩り豊かな素材を板チョコの表面にトッピング。旅に出たような特別な時間を演出するというコンセプトのチョコ。第1弾は、ローマとハワイ。

オリービー

［カルビー］

オリーブオイルだけで揚げた、ぜいたくなポテトチップス。健康志向の高まりでオリーブオイルの消費量が増加傾向にある流れを捉えた。従来のポテトチップスより油分30%カット。

ショコランタン

［ロッテ］

スライスアーモンドとスカッチをチョコでコーティングした、フランスのお菓子「フロランタン」をアレンジした新感覚の洋菓子。

2014年、大阪・あべのハルカスが完成。ソチ五輪開催。2015年、北陸新幹線が開業。東京都渋谷区が同性カップルに結婚相当の証明書を発行。

~2015

2014

コロロ
[UHA味覚糖]

水分を多く含んだグミをコラーゲンで包んだ、「ぷるん」としたみずみずしさが特徴。グミとコラーゲンから生まれる、プチッと弾ける果汁100%のジューシーな食感を楽しめる。

ポテトチップス みかん味
[湖池屋]

みかんとポテチという意外な名コンビ誕生!? みかんの甘みと酸味が香ばしいポテトチップスにマッチ、ほんのり甘くさっぱりした味。

カラビー
[カルビー]

適度な辛さと後に残るにんにくや香辛料の香りがクセになる、ホットチリ味のポテトチップス。薄切りタイプ(写真)と厚切りタイプの2種類があった。男の名は、辛沢シゲキ。

グランカルビー
[カルビー]

阪急うめだ店にオープンしたカルビー直営店舗限定のポテトクリスプ。カルビー史上最厚(発売当時)の厚切りで味は全6種類。

しお味

濃厚バター味

カルビーライト!
[カルビー]

ヘルシー志向に合わせて、油分やカロリーを抑えた新シリーズ『カルビーライト!』が誕生。人気のロングセラーブランド4品を、おいしさそのままに油分を25%カットした。

かっぱえびせん

ポテトチップス うすしお味

ヘルシー&おいしい!

OKASHI topics お菓子トピックス

2013年発売の『大人のきのこの山』に続き、『大人に贅沢チョコボール』（森永製菓）など、ロングセラーの大人向け商品が続々登場。2015年、科学的根拠に基づく機能性の表示を認める「機能性表示食品」制度が開始。

2014

香るカカオ　　こく苦カカオ

明治 ザ・チョコレート

［明治］

世界中から厳選した、それぞれ異なる産地のカカオ豆を使った『明治 ザ・チョコレート』。「5感」を使って味わうことで、カカオ本来の香りと味わいの変化を楽しむことができる。

2015

クリスマス用スイーツ系ポテチ!?

ポテトチップス 苺のショートケーキ味

［湖池屋］

苺の風味とショートケーキの味わいを再現したポテトチップスが登場。クリスマスシーズンの予約販売では、湖池屋からのクリスマスカードが付いた。

魔法のミルキー

［不二家］

カシスの赤黒ソースが入った真っ黒なミルキー。パッケージの小悪魔風の女の子は魔法の国から来た「ペコラちゃん」。限定販売商品。

乳酸菌ショコラ

［ロッテ］

植物性乳酸菌をチョコレートで包み、胃酸から守ることで生きて腸まで届ける技術を開発。「生きた乳酸菌が100倍とどく」ことを謳い、大ヒットとなった機能性チョコレート。

グレープ　ミント

メントス

［クラシエフーズ］

1932（昭和7）年、オランダで誕生した不思議な食感と豊富なフレーバーのソフトキャンディ。日本には1978（昭和53）年に上陸、2015（平成27）年よりクラシエフーズが発売。

~2018

2016年、マイナンバー制度開始。ゲームアプリ『ポケモンGO』、映画『シン・ゴジラ』『君の名は。』が大ヒット。2017年、「インスタ映え」が流行語大賞に。藤井聡太がプロデビューから29連勝。

2016

定番の2フレーバーで初登場!

うすしお

コンソメパンチ

ポテトチップス クリスプ
［カルビー］

カルビー史上初の成型ポテトチップス。スライスタイプで、長年培った水分コントロールによってパリッとした食感に。湾曲角度と大きさは、口内で瞬時に割れるジャストサイズ!

LIBERA
［江崎グリコ］

おいしさそのままに、脂肪や糖の吸収を抑える食物繊維「難消化性デキストリン」を加えたチョコレート初の機能性表示食品。脂肪や糖を気にしている人でも安心して食べられる。

松茸香る極みだし塩　秘伝濃厚のり塩　魅惑の炙り和牛

KOIKEYA PRIDE POTATO
［湖池屋］

日本産のじゃがいもを100%使用し、素材も製法も一切妥協せずに、老舗・湖池屋のプライドをかけて理想のおいしさを追求した逸品。斬新なパッケージやテレビCMも話題に。

2017

ヤマザキビスケットが開発を重ねてたどり着いた、最初のひと口目にこだわったクラッカー。サクッとした心地よい食感と、発酵種の香りが特徴的。スナック感覚で味わえる。

ルヴァンプライム
［ヤマザキビスケット］

カスタードケーキ ブルーベリーチーズケーキ
［ロッテ］

ふわふわに仕上げたケーキに、やさしい甘さが楽しめるカスタードクリームとブルーベリーソースが入った。冷やしてもおいしい。

ガーナ ローストミルク
［ロッテ］

甘さと香ばしさ、ミルクを楽しむ、濃厚な味わいのミルクチョコレート。焦がしミルクをイメージしたパッケージカラーで登場した。

OKASHI topics お菓子トピックス

コンビニスイーツなどをきっかけにチョコミント味が突如ブレイク、「チョコミン党」党員が急増。2016年、ヤマザキナビスコがヤマザキビスケットへ社名を変更し、新クラッカー『ルヴァン』シリーズ発売。『リッツ』はモンデリーズ・ジャパンによる輸入販売に。

2017

イチョウ葉抽出物配合のガム

歯につきにくいガム 記憶力を維持するタイプ

［ロッテ］

中高年の認知機能の一部である記憶力（言葉や図形などを覚え、思い出す能力）を維持するという報告がある、イチョウ葉抽出物を配合した機能性表示食品のガム。

EATMINT

［ロッテ］

ガムでもタブレットでもない新カテゴリーを目指したリフレッシュ系清涼菓子。口で噛んで溶けて体の奥でミントが味わえる。

ミーノ

［カルビー］

そら豆をまるごと素揚げし、シンプルに塩のみで味付けしたスナック。サクッとした軽やかな食感とそら豆本来の豊かな風味が楽しめる。

「素材りこ」シリーズが誕生！

2018

とうもりこ

［カルビー］

えだまりこ

［カルビー］

素材本来の味を『じゃがりこ』譲りの“はじめカリッと、あとからサクサク”の心地よい食感で味わえる「素材りこ」シリーズが誕生。スイートコーンが主原料の『とうもりこ』と、枝豆が主原料の『えだまりこ』の2種。

SUNAO

［江崎グリコ］

体にやさしいオリゴ糖を使った、食物繊維もたっぷりのビスケット。発酵バターの豊かな味わいとサクサクした軽い食感が楽しめる。

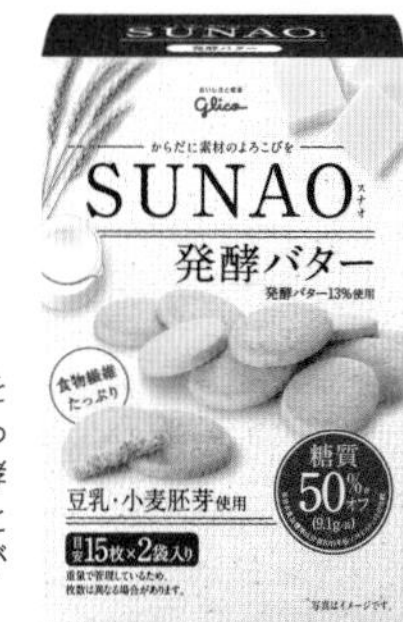

キシリクリスタル

［春日井製菓］

清涼感が味わえるキシリトールのノンシュガーキャンディ。2001（平成13）年に旧三星食品が発売、2018（平成30）年から春日井製菓が販売。

コラム③

「お菓子の素」で楽しく手作り　お家お菓子

構成・文／足立謙二

1957年～　昭和のホットケーキの素

［昭和産業］

1957

1973

1977

1983

1980

1994

1999

ホットケーキブームの先駆けとなった『ホットケーキの素』。即席食品の新発売が相次ぐ中、水を加えて焼くだけで、誰でも簡単に香ばしいホットケーキが作れる商品を発売。1960（昭和35）年には粉末メイプルシロップ付きも登場。3枚重ねのケーキに四角いバターが乗ったパッケージの絵は、当時の子どもたちの目には夢のようなおやつに映ったに違いない。

いつものお菓子屋で買ってくる食べ慣れたスナックやチョコレートも大好きなのだが、たまには家で、母親が作ってくれるホットケーキなどが食べたくなることがある。

あるいは、自分で何か作って食べてみたいという衝動に駆られることもあったりする。それは女の子ならとか、男の子でもとかはあまり関係ない。とにかく、普段食べない甘くておいしいお菓子やデザートを、自分の手で一度は作り上げてみたいという、少々大げさだがクリエイティブ魂とでもいうやつかもしれない。

まあ、突然思いついてやってみても、最初はまともに出来ることなどまれだが、やけに焦げてしまったホットケーキも、それはそれで格別な味だった。

そんな、手作りお菓子を子どもでも比較的手軽に作れる魔法のような「素」のいくつかを、お菓子年代記の断片の一つとしてまとめてみた。

初代パッケージ。ミルクなしでできる手軽さが受けロングセラーに。

1964年～

プリンミクス

[ハウス食品]

昭和30年代初期に「三種の神器」の一つであった冷蔵庫が、一般家庭に普及した頃に発売された、パウダーデザートシリーズの最古参の一つ。1971(昭和46)年には牛乳で作る『プリンL(エル)』も登場。

1968年～

ミルクシャービック

[ハウス食品]

水と混ぜて冷凍庫の製氷皿で凍らせれば、クリーミーでサクッとした食感のミルク入りシャーベットが出来上がる。シャービックが山盛りになったパッケージに憧れた。

1967年～

ゼリエース

[ハウス食品]

こちらもお湯だけで作れるゼリーの素。発売当初は、イチゴ、メロン、オレンジの3種類があり、口あたりなめらかで、宝石のように透き通るプルンプルンのゼリーをお家で手作りで楽しめるのは格別だった。

1976年～

フルーチェ

[ハウス食品]

レトルトタイプのデザートの素。冷たい牛乳を加えてとろみが出るまでかき混ぜると、プリンともゼリーとも違う独特な食感の『フルーチェ』が出来上がる。

構成・編集　Plan Link
編集協力　足立謙二
デザイン　近江聖香（Plan Link）
企画・進行　廣瀬祐志

取材にご協力頂いた皆様、並びに画像や資料等をご提供頂いた
メーカー様に心より感謝申し上げます。

本書に掲載の商品情報および企業情報は、全て取材時のものです。
また、発売年をはじめとする情報は、発売元企業による公式情報、
および一部編集部調べによるものです。現行の商品に関しては、
パッケージや内容等に変更が生じる場合がある事をご了承下さい。
また、掲載商品についてのお問い合わせには、販売元の企業様、
および弊社では一切お答えできません。尚、本書に収録した商品、
並びにそれらに関連するものは、各企業様や協力者様からご提供
頂いています。

日本お菓子クロニクル

2023年9月15日　初版第1刷発行

編者　日本懐かし大全シリーズ編集部
発行人　廣瀬和二
発行所　辰巳出版株式会社
〒113-0033 東京都文京区本郷1丁目33番13号 春日町ビル5F
TEL　03-5931-5920（代表）
FAX　03-6386-3087（販売部）
URL　http://www.TG-NET.co.jp/

印刷所　三共グラフィック株式会社
製本所　株式会社セイコーバインダリー

本書の内容に関するお問い合わせは、
メール（info@TG-NET.co.jp）にて承ります。
恐れ入りますが、お電話でのご連絡はご遠慮下さい。

定価はカバーに表示してあります。

万一にも落丁、乱丁のある場合は、送料小社負担にてお取り替えいたします。
小社販売部までご連絡下さい。

Printed in Japan
ISBN978-4-7778-3005-3